JN017073

旅で出会った
世界の
スパイス
・
ハーブ
図鑑

東・東南アジア編

山下智道

創元社

はじめに

約10年前に、友人と一緒にマレーシアとインドネシア（バリ島）へプライベートな旅行に出かけた。当時は植物とはまったくもって関係のない、ただただ近くて安くて、異国の雰囲気を味わうための東南アジア旅であった。野草研究の仕事を始めて間もない頃で、今ほど植物にも詳しくなく、しかも海外の植物となると、ほぼ無知に等しかった。

マレーシアのクアラルンプールでは深夜のクラブをはしごし、音楽とお酒に溺れるひと時を過ごしたが、クラブからクラブへと移動する途中の夜道、ぎらぎらと大量のネオンに照らされる道端の草に私はひかれた。日本では見ないディティールや色彩の植物ばかりで、私は気づけばグループから離れ、地べたにしゃがみこみ、ひたすら道端の雑草をスマホで撮りまくっていた。

この頃から東南アジアの植物たちへの好奇心を密かに抱いていた。しかし、メディアなどへの露出が増え、仕事も忙しくなるにつれ、あの頃の好奇心は私の心の奥の引き立しにしまわれてしまった。

時は流れ9年後、気づけば日本の薬草やハーブに関する著書をたくさん出版させていただき、ありがたいことに仕事で海外に行かせてもらえる機会も増え、自身の探究心をより形にできるようになった。そのとき、次に自分が熱いパッションを持って取りかかれるテーマは東南アジアの有用植物だと思った。9年前にしまっていた、あの引き出しの封印を解き、東・東南アジアのスパイス・ハーブを徹底的にリサーチし始めたのである。

近年、東・東南アジア料理はレストランや食材店も増え、日本でも非常に親しまれている。しかし、いわゆるエスニックハーブの世界は、まだまだ知られていないのではないだろうか。現地で活用されているスパイス・ハーブには凄まじい数の種類が存在し、植物のさまざまな部位がダイナミックに活用されている。私は現地でリサーチし、あらゆるものを食して得た知識と経験を、なるべくリアルにこの作品に投影したいと思った。ただし、「有用植物」というと範囲があまりに広いので、今回はマーケット（市場）で見られるスパイス・ハーブに絞った。現在も実際に食用や薬用として親しまれているものを中心とし、あとは旅先で私が出会った有用な野生植物も加えてみた。

現代の日本はあらゆる面で豊かになる一方で、先人たちが築きあげてきた植物に関する知恵や伝承の多くが残念ながら忘れ去られている気がする。その点は私もまだ勉強すべきことが多いが、海外の各地で、その土地や条件にそってさまざまに工夫され、生活に密着したスパイス・ハーブの活用方法を見ていると、かつての日本もこんな感じだったのではないかと思えた。

その土地でどのような植物を見つけ、どのように利用し、どう暮らすか。この本で紹介できる文化や植物はほんの一部であるが、私が愛する植物と人間のストーリーを感じ取ってもらえたなら、著者冥利に尽きる。

Prologue

Contents

〈凡例〉

・本書で紹介する植物はすべて、市場で販売されているもの、もしくは所有者の許可
　を得て取材したものです。観察・採取の際には当該国の規則にしたがい、マナー
　を守って行ってください。

・市場以外での植物観察や採集は、必ず野生植物について十分な知識を持つ人と
　一緒に行ってください。接触および摂取の可否について素人が判断するのは危険
　です。

・薬草類の効能については、科学的に一定の効果が認められているものから、現地
　の伝承によるものまで、区別なく紹介しています。また、体質や持病によっては摂取
　を控えた方がよい場合もあります。利用の際には必ず事前にご自身で調べ、必要
　に応じて医師等にも相談してください。

・海外から日本へ植物を持ち込む場合（郵送含む）には輸出国政府機関が発行する
　検査証明書の添付や植物検疫等、所定の手続きが必要です。また、採集・所持・
　利用の可否についても、国によって規則が異なる場合があります。必ず事前にご自
　身で調べてください。

・植物の見出し名については、標準和名や一般的な呼称などを適宜使い分け、ふさ
　わしいものがない場合は学名のカタカナ表記（原則としてラテン語読み）としました。

・学名および科属については International Plant Names Index（IPNI）に基づきま
　した。

ネパール
Nepal

　登山家の父の影響もあり、ネパールは幼い頃からよく足を運んだ場所。特にカトマンズやポカラは馴染みがあり、一人きりでグループから抜け出し、物珍しいスパイスやハーブを求めて、ハイエナのようにうろついたエリアでもある。

　カトマンズの雑多な市場は薄茶色の闇に包まれている。それは乾いた砂ぼこりが充満しているからで、細かい砂が目や鼻などあらゆる穴に入り込むため、ストールやマスクで顔を覆い、まるで遺跡を発掘するかのようにスパイスやハーブを探しまわった。

　王道のクミン、カルダモン、ターメリック、シナモンなどの乾燥スパイスはすぐにわかるが、パッと見て「何じゃこれ〜」ってやつは一通り購入し、ホテルなどで調べる。今回、新たに出会ったネギ属のジンブや、シアバターノキの仲間のチウリなどは、まさにこういう形で知った植物たちだ。

タマリロ

Solanum betaceum ｜ナス科ナス属

　南米のアンデス山脈周辺に広く分布する常緑小木。成長が非常に早く、最大５ｍまで成長するため、地植えするとそれなりに場所をとることもある。ネパールでは野菜などを栽培している畑の脇などでよく見かける。

　別名「ツリートマト」と呼ばれるが、いわゆるトマトとは葉がまったく別もので大きい。花はピンクがかった白色で、10〜50個の花が集まって咲く。他家受粉しなくても実を結ぶこともあるが、花には昆虫を引き寄せる香りがあり、１房あたり１〜６個の実をつける。見た目が愛らしい果実は、パッションフルーツや食用ホオズキの

ようなピリッとした爽やかな酸味が特徴的。

　ネパールでは甘く味つけスイーツにしたり、冬にチャツネやピクルスとして食べる。私は自宅で栽培したことがあるが、育てやすかった。果実はハヤシライスやペペロンチーノにしていただいたが、トマトにはない食感が食べていて非常に新鮮だった。

タマリロの花。咲き始めの頃だったのでつぼみが多いが、満開になると房状になる（左）。果実の中には黒い種子が入っている（右）。

ジンブ

Allium hypsistum | ヒガンバナ科ネギ属

ネパールの高山に自生または栽培されている多年草。現地では「ジンブ」と呼ばれ、ハーブやスパイスとして重宝されている。見た目は日本に自生するノビルやアサツキに似ており、葉は細くストロー状で、薄紫色のネギ属らしい花を咲かせる。

この植物と出会ったのはカトマンズの市場である。乾燥させたものが大きなザルに山盛りに積まれ、煎茶の茶葉のようだった。テイスティングで少し口に含んでみたが、想像とはまるで違うニンニクのような味わいが口の中に広がった。後で調べてみて、やはりネギ属ということに納得。

ネパールではこれをハーブティーにする。

ムスタン地方では野菜料理やピックル（ピクルス）、肉料理などにも使われるという。また、その他の地域ではほぼダール（豆のスープ）の香りつけに使われる。サラダ油にジンブを加え加熱すると、ニンニクのような芳香が広がるのだ。

近縁種のアリウム・ワリキィの花。取材時は残念ながらジンブの花の時季ではなかった。

ショウズク

Elettaria cardamomum | ショウガ科ショウズク属

　南インド原産の多年草。ショウズクと聞くと「何それ？」と思うだろうが、その種子こそが「カルダモン」と呼ばれる香辛料の女王である。草丈は高さおよそ２〜４ｍに成長し、葉は長さ40〜60cm、日本のショウガやミョウガに似て披針形で、互生する。白色から薄紫色の花が地際から穂状に咲く。果実は３つの面をもつ長さ１〜２cmの黄緑色の莢で、黒色か茶色の種子が15〜20個入っている。

　ネパールのマーケットでもホールの量り売りで販売されている。カレーには欠かせないスパイスだが、山羊ミルクのチャイに加えることも。近年は日本でも沖縄で栽培されている。

　私も自宅で栽培しているが、種子のみならず葉にもα-テルピネオールと1.8-シネオールという香気成分が含まれていて、フレッシュな状態では特に香りが良く、ハーバルバスや薬酒にして楽しんでいる。

ショウズクの葉。

ブラックマッペ

Vigna mungo ｜ マメ科ササゲ属

つる性の一年草。ブラックマッペは英名だが、和名は「ケツルアズキ」。ヒンディー語由来の「ウラド豆」「ウラッド豆」などとも呼ばれ親しまれている。

日本では主に「もやし豆」として知られており、耐乾性が強く、黒色～黄緑色の種子をつける。インドからバングラデシュ、パキスタン、ミャンマーにかけて分布する野生種（緑豆）との共通祖先から栽培化されたと考えられている。

ネパールの家庭料理・ダルバードには必ずと言ってよいほど使用されている。スープのようなブラックマッペのカレー（ダール）は優しいクミンの香りとブラックマッペのほのかな甘みが非常にマッチし、私はネパールの食堂では必ず注文する。

ヘビウリ

Trichosanthes cucumerina ｜ ウリ科カラスウリ属

熱帯地域で食用に広く栽培されているつる性一年草。カラスしか食べないというカラスウリと同じ属だが、まったくクセがなく、ズッキーニのような味わいで食べやすい。

大きさ3～5cmほどの白いレース状の花がついた後、果実はまさにヘビのようにぐんぐん伸び、太さ5cm、長さ2mを越えることもある。

日本ではもっぱら鑑賞用に植えられているが、熱帯アジアでは古くから食用として重宝されてきた。果実は熟すと赤くなって繊維質が多くなり、苦みが強くなるため、

赤くなる前の未熟果をカレーの材料や炒め物などに用いる。また、中国では果実を切片にして乾燥させたものを便秘薬などとして用いる。

ヒメツルソバ

Persicaria capitata │ タデ科イヌタデ属

ヒマラヤ地方原産とされる多年草で、日本へは「ポリゴナム」の名でロックガーデン用として明治期に導入された。草丈は5～15cmで、金平糖のような愛らしい花を咲かせる。

日本では外来種として違った意味で注目され、河川敷や街中でもよく生えているが、ネパールで生えるヒメツルソバはやはり故郷だけあって、その風土になじんでいた。

古来からヒマラヤ地方では薬用として、本種の全草を刈り取り、乾燥させ煎じて飲む。リウマチに効き、止血、鎮痛の作用もあるそうだ。クセはまったくなく、ハーブティーとしても非常に飲みやすい。また、愛らしい花はサラダに散らしたり、アチャール（ピクルス）にアレンジしても美味。

フラガリア・ヌビコラ

Fragaria nubicola │ バラ科オランダイチゴ属

アフガニスタンからミャンマー、チベット南部に分布する多年草で、メルヘンチックなミニチュア野イチゴである。

全体に伏毛が生え、葉や花は大きいが、偽果は球形で直径1～1.5cmと小さく、赤く完熟するため、ヘビイチゴと間違えてしまうほどである。小さいが味わいはかなり濃厚で、バラの花を食べているかのような印象的な香りが口中に広がる。酸味も少なく、ジャムというよりは生食向きなイチゴだと思う。よく似る同属のフラガリア・ダルト

ニアナ（*F. daltoniana*）は葉の表面が艶やかで表裏とも無毛である。

ツルニンジンの仲間

Codonopsis sp. │ キキョウ科ツルニンジン属

　ネパールの山地の湿った低木疎林に生えるつる性多年草。全体に細かい軟毛が生え、葉は長さ7〜10mmの長卵形で縁に低い鋸歯がある。現地のガイドに森を案内してもらったとき、葉をちぎるとこのグループ特有のごま油のような香りが漂ったので、ツルニンジンの仲間だとすぐにわかった。しかし、日本や韓国で見かけるツルニンジンはつるの先端に4枚の葉がつくのが特徴であるが、本種は単葉で、普段見慣れない形質に驚いた。ネパールにはこのグループが4種類ほど確認されている。開花の時期にもう一度確認したいものである。

　ネパールでは疲労回復薬として使用されているようで、このニンジンを掘り起こしハーブ酒のようにお酒に漬け、高山病やめまい、肉体労働のときに飲むのだとか。私も実際にいただいてみたが、思った以上にクセがなく、飲みやすくて香りも爽やかだった。

ツルニンジンを漬けたハーブ酒。

ダバナ

Artemisia pallens ｜ キク科ヨモギ属

インドを原産とする多年草。草丈は40〜60cm、茎の下部は半木質で地上部は灰白色のビロードのような柔らかい毛に覆われ、茎先に淡黄色の小さな花を咲かせる。葉を揉むとアニスやフェンネルのようなハーブらしい香りを放ち、いわゆるヨモギ属特有のヨモギ餅の香りはほとんどない。

インドの伝統的な薬草の一つで、現地の伝統医学・アーユルヴェーダでも不安を取り除いたり、うつ状態を改善したりする効果があるとされ、古来から重宝されてきた。

芳香性植物で精油は香水の原料になり、近年再び人気を集めているため、インドの

マイソールやプネー周辺で商業的に栽培されている。

また南インドではダバナの花はヒンドゥー教の神・シヴァ神への供え物とされている。これはネパールでも同様で、シヴァ神を祭る寺院でも稀に栽培されている。

店先に魔除けとして植えられているダバナ。

クミン
Cuminum cyminum ｜ セリ科クミン属

　地中海沿岸東部原産で、インドを中心に世界中で栽培されている一年生草本。痩果（クミンシード）はいわゆるカレーの香りを連想させる強い芳香がある。ターメリック同様、カレーを作る際に必ず用いる代表的なスパイスである。

　草丈は20〜30cmで、全体的に繊細で華奢な印象がある。茎の下方につく葉は長柄があって卵形、上部の葉は11〜12cmで、全裂している。花弁はピンクまたは白色で先端が少し切れ込んでおり、直径2〜3cmの傘型花序をつくる。種子は長さ4mm、幅1.5mmほどの小さく細長い楕円形で、両端が狭まっている。

　クミンの芳香成分クミナール（クミンアルデヒド）は消化酵素を活性化させる作用があるとされている。ネパールやインド料理には無くてはならない薬草であり、スパイスでもある。

　また世界的に最も古くから栽培されているスパイスの一つと言われ、紀元前16世紀の古代エジプトの医学書「エーベルス・パピルス」にも記載されているほか、古王国時代の墓所からは副葬品として発見されている。

クミンの花。

クローブ

Syzygium aromaticum ｜ フトモモ科フトモモ属

　日本のスーパーのスパイスコーナーでもよく見かけるスパイスであるが、実は正倉院宝物の中にも保存されており、古くから日本にも入ってきていた。

　原産地はインドネシアのモルッカ諸島で、ジャワ、スマトラ等の熱帯各地で栽培されている。長卵形の硬い葉には多数の油点があり、潰すと特有の芳香がある。

　つぼみが開花する少し前に摘み取り、天日または火力で乾燥させる。つぼみは釘に似た形をしており、同音の「丁」の字をあてて「丁子（チョウジ）」と名づけられた。英名の「クローブ」もフランス語の「クルー（釘）」に由来する。

　精油の主成分はオイゲノールで、その他にオイゲノールアセテートやセスキテルペンを含んでおり、芳香性健胃、腸内ガスの排出（駆風）作用が知られる。ネパールでは消化力を上げて身体も温めてくれるスパイスと認識されており、ショウズク（カルダモン）やシナモンとともに煮出したものをチャイやカレーに用いる。

クローブ入りのチャイ。

アサ

Cannabis sativa ｜ アサ科アサ属

　中央アジア原産とされ、大麻草とも呼ばれる一年生の草本。亜種も含めさまざまなバリエーションがある。古くから繊維をとるために利用されていた。紀元前20世紀には中東地域で栽培され、紀元前のうちにヨーロッパや中国に伝わった。日本にも中国経由で伝わり、弥生時代には栽培されていたという。

　葉はモミジのように掌状に深く切れ込んでおり、雄花は淡黄緑色で円錐状に、雌花は緑色の短い穂状につき、夏から秋にかけて咲く。果実はほぼ球形で、やや扁平。

　和名は、緑色を帯びた皮から繊維をとることから「青麻（アオソ）」と呼ばれる。

　ネパールでは道端の雑草のようにそこらじゅうに生えている。当地でも1976年から麻薬規制法により使用は違法ではあるが、古来からシャーマニズムに用いられてきた薬用植物でもある。

特徴的な葉の形は、日本でも着物の古典柄のモチーフなどにもなっている。

チウリ

Diploknema butyracea ｜ アカテツ科ディプロクネマ属

ネパールとインド、ブータンに分布する落葉中高木。ネパールでは中部から南西部にかけての、国内では比較的標高の低い300～1500mほどの地域に生育する。樹高は10

～15mで、崖地に根を張ることから、崖崩れを防ぐためにも植栽されている。

カトマンズの市場では、野菜や果物コーナーにチウリの実が籠に入って売られている。植物全体の外観はナス科に似ているが、果実に大きな種子が1つだけ入っている。食べてみるとかなり甘く、ジューシーでビワのような味わいであった。

ネパールでは古来から本種の種子を圧搾してバターを作り、薬用にする。

カファル

Myrica esculenta ｜ ヤマモモ科ヤマモモ属

インド北部、ブータン南部、ネパールに自生する雌雄異株の常緑低木。地元で食用にされる果実は日本のヤマモモに似ているが、少しいびつな長球形である。

カトマンズの市場でも稀に見かけるレアな果物のようだ。日本のヤマモモに比べやや酸味があり野性味のある味わいだ。ネパールではジャムなどに加工して食べたりもするが、もっぱらダルバート（定食）のアチャール（ピクルス）にするケースが多いようで、本種をニンニクペーストやすりおろしたゴマなどと混ぜ、スパイスをお好みで加えて作る。

試しに日本のヤマモモでもアチャールを作ってみたがなかなかいける味わいだった。ほんのり辛いカレーのあとにこれを食べると、酸味が非常に心地よい。

チャンチンモドキ

Choerospondias axillaris │ ウルシ科チャンチンモドキ属

センダン科のチャンチンに似ていることからチャンチンモドキの名がある。中国南部、東南アジア北部、ヒマラヤ地域、日本でも熊本県、鹿児島県に分布する落葉高木。樹高は30mほどになり、灰褐色の樹皮が縦に裂けて薄くはげ落ちる。葉は互生で奇数羽状複葉。5月頃、暗紫色から赤褐色で直径6〜8mmほどの5弁の花を咲かせる。果実は長球形で、熟すと外皮が黄色くなる。マンゴーとアンズを足したような甘酸っぱい香りと味わいが印象的。

中国では昔から薬用とされ、実の形と味から、南方に産する酸っぱいナツメの意で「南酸棗（ナンサンソウ）」と呼ばれる。また種子も特徴的で、5つの穴があることから「五眼果（ゴゲンカ）」と呼ばれる。これは

5つの穴を5つの福（福・禄・寿・喜・財）が入ってくる門と見立てた仏教の教義に関連した名前で、縁起物とされている。

ネパールでは「ラプシ」といい、お菓子屋さんではポピュラーな存在で、果肉を使ったキャンディ、ジャム、ジュース、アイスクリームなどが売られている。

チャンチンモドキ（ラプシ）の果肉を砂糖で煮たピューレ状のお菓子。アンズのような味。

ガウルテリア・フラグランティッシマ

Gaultheria fragrantissima │ ツツジ科シラタマノキ属

　ネパールのポカラ周辺の里山の斜面に生えていた常緑低木。適当に葉をちぎってみると、湿布のような芳香が広がった。まさにシラタマノキと同じサリチル酸メチルの芳香で、調べてみるとやはり同属で納得した。

　熟した果実は薬酒にする。本種をしばらく漬けた酒を疲れた足などに塗ると、筋肉の疲労回復に効果があるという。また琥珀色の美味しいリキュールにもなる。

　葉や枝もネパールでは積極的に蒸留されていて、エッセンシャルオイルや芳香蒸留水をとってコスメなどに使われている。

　私も実際にフレッシュな葉を現地の酒に漬け、湿布のように身体に貼ってみたが、まさにサロンパスのようにスースーして気持ちよかった。

許可を得て採取したガウルテリア・フラグランティッシマ。

キミノヒマラヤキイチゴ

Rubus ellipticus | バラ科キイチゴ属

アジア原産で「黄金のヒマラヤラズベリー」とも呼ばれている落葉低木。

葉は長い剛毛やトゲが多く、茎にも無数のトゲがあり触ると痛い。花は桜のように白く5弁の花びらがあり、房状に成長し、2〜5月に一気に咲き乱れる。

果実は甘酸っぱく、ジャムやジュースに向いている。近年の研究では、本種は抗酸化成分やがん細胞などの増殖を抑える成分を含んでいるとの報告もある。

私もネパールで登山中にこのイチゴをもぎ取り、喉の渇きを潤した。日本のキイチゴだと、クマイチゴの味わいに似ている。

アメリカニワトコ

Sambucus canadensis | ガマズミ科ニワトコ属

北アメリカ原産で、ネパールでは庭木として導入され、山野で野生化している落葉低木。樹高は3〜6m、小葉が5〜9枚の奇数羽状複葉で、対生する。花期は4〜5月頃で、日本のニワトコ同様にふわふわと綿菓子のような散形花序を出し、淡黄白色の小さな花を多数つける。

甘い蜂蜜のような芳香は揮発性で風に乗って漂い、この何ともいえない芳香成分はネロール酸化物、リナロールとされている。私はネパールでウォッカを購入し、この花を生のまま漬けていただいたが、非常にフルーティーで美味しかった。

近縁のセイヨウニワトコはエルダーフラ

ワーとしてヨーロッパでは薬用とされる。また、日本ではニワトコが「接骨木（せっこつぼく）」と呼ばれ、民間薬として打撲や捻挫、利尿などに用いられる。

サラソウジュ

Shorea robusta ｜ フタバガキ科サラノキ属

インドから東南アジアにかけて広く分布する落葉高木。別名「サラノキ」「シャラノキ」。

高さ35〜45m、径1m以上にもなり、長さ10〜25cmの楕円形の単葉が互生し、乾季には落葉する。花は径3cmほどで、淡い黄色の星形の5弁花が円錐花序につき、ジャスミンのような芳香がある。果実は径1.5〜2cmぐらいのどんぐり状堅果で、萼片が発達し、長さ5〜7cmの細長い5枚の羽根をもつ。

ネパールでは葉を普段の食事のときにも、祭壇のお供えや神事にもお皿として用いる。また仏教では2本並んだサラソウジュの下で釈尊が入滅したことから般涅槃の象徴とされ、「沙羅双樹」とも書く。

近年では本種の樹脂から抽出した芳香成分でコスメなどが開発されている。

パルマローザ

Cymbopogon martini ｜ イネ科オガルカヤ属

インド周辺、インドシナ半島に自生し、広く栽培もされている多年草。背丈は1〜3mほどにまで成長し、地上部は1年ほどで枯れる。レモングラスやシトロネラの仲間にあたるが、それらに比べ茎が真っ直ぐに立ち上がり艶やかで、葉は美しい薄緑色なのが特徴的。

インドの伝承医学・アーユルヴェーダでは発熱や感染症の治療薬として古くから珍重され、また蒸留して抽出されたパルマローザ油はコスメや香水に重宝されている。完全に乾燥させると精油の収油量が最大となることから、精油の抽出にはしっかり乾燥させたパルマローザの葉が用いられる。バラのような芳香成分はゲラニオールという芳香成分で、これはゼラニウムの主成分でもあり、甘いフローラルな香りが印象的。

ヒマラヤシャクナゲ

Rhododendron arboreum ｜ ツツジ科ツツジ属

　ヒマラヤからスリランカにかけての高山に分布する常緑高木。樹高は成長したものでは30mに達するものもあり、神聖な植物として神事などにも用いられる。葉は長い楕円形で枝先に集まってつく。2月から5月にかけて、10〜20cmほどの花序で赤、ピンク、白の花をつける。

　ネパールでは「ラリーグラス」と呼び、赤色（ラリー）の花はネパールの国花とされている。葉や茎はインセンス（お香）として、ホワイトセージ同様、浄化作用があるとされている。芳香は針葉樹のような鋭い香りが特徴的で、私も自宅でポプリとして使用しているが、非常にリラックスできる。

　私が大好きなネパールの蜂蜜、マッドハニー（Mad Honey）は、ヒマラヤ山脈のシャクナゲの花密を主成分とする特別な蜂蜜で、ツツジ科の有毒成分グラヤノトキシンが含まれているため規定の内服量は決まっているが、今まで食べた蜂蜜のなかでNo. 1だった。

ヒマラヤシャクナゲの葉や茎のポプリ。

マッドハニー。

フユムシナツクサタケ

Ophiocordyceps sinensis │ バッカクキン科ノムシタケ属

　コウモリガ科の昆虫・オオコウモリガの幼虫にバッカクキン科のフユムシナツクサタケ（冬虫夏草菌）というキノコの一種が寄生して、子実体が出たものをいわゆる「冬虫夏草（トウチュウカソウ）」と呼ぶ。

　特徴的な名前は、冬の間にオオコウモリガの幼虫が冬虫夏草菌に感染し、菌糸が徐々に体内に充満して宿主の幼虫は死ぬものの、春夏になると虫の頭部から冬虫夏草菌の子実体がぐんぐん伸びてくることから、冬は虫で夏には草（キノコ）になるという意味でつけられたようだ。

　フユムシナツクサタケには慢性疲労、精力減退を緩和し、滋養強壮などの作用があるとされ、古来から珍重された。

　近年では、フユムシナツクサタケは化学療法後のガン患者の生活の質（QOL）と細胞性免疫の向上、B型肝炎患者の肝機能向上にも有効との研究結果がある。

フユムシナツクサタケを漬けた酒。

ミロバラン

Terminalia chebula ｜ シクンシ科モモタマナ属

インドからインドシナにかけて分布する落葉高木。高さ15〜20m、単葉の葉は6〜15cmほどの楕円形で厚く、ほぼ対生している。「ビビタキ」ともいい、インドの伝統医学・アーユルヴェーダでは三大果実の一つとされる。

正倉院に収蔵されている『種々薬帳』にある「呵梨勒（カリロク）」はミロバランのこととされ、仏教では欠かせない染料植物である。呵梨勒は祝いの席に飾られる香袋で、古来から本種の実が万病を治す薬として重宝されたことから、魔除けとしてその実を袋に入れて柱に飾ったのがはじまりだ

という。

ブッダが悟りを開いた後、激しい腹痛におそわれた際に、インドラ神がミロバランの果実をブッダに与えると腹痛がすぐおさまったという伝説があり、そこからインドやネパールでは常備薬として伝えられている。

ネパールの薬草専門店でも本種の果実が売買されており、生の果実を発見したときはかなり興奮した。

ミロバランで染めた布

ムラサキソシンカ

Bauhinia purpurea │ マメ科ソシンカ属

　中国からインドにかけて分布する半落葉性の小高木。樹高は5〜10m、葉は大きく20cmほどの卵型で、先端が2つに割れた形が特徴的。

　沖縄などでよく植栽されているフリイソシンカの近縁で、樹冠は横に広がる。花はピンクや紫がかった赤色で、径8〜10cmと大きくかなり目立つ。一見すると、日本に生えるツツジやシャクナゲのような雰囲気がある。

　ネパールでは本種のつぼみがピクルスや漬け物、いわゆるアチャールとしてダルバート（定食）の端に置いてあり、まさかこれを食べるのかと非常に驚いた。味わいはクセがなく、食感がしっかりした湯葉のような感じで、各種のスパイスと和えてあり、美味しかった。

　野菜として若芽や若葉を食べることもある。市場の野菜コーナーでは葉は閉じているが、開くと先が深く2つに裂けているので分かりやすい。

ムラサキソシンカのつぼみのアチャール。

スパイクナード

Nardostachys jatamansi ｜ オミナエシ科ナルドスタキス属

ヒマラヤ山脈の亜高山〜高山帯に自生する多年草。標高3000m以上の高地にも見られ、神聖な薬草として古来から各地で重宝されている。たとえば最後の晩餐の前にマグダラのマリアがキリストの足を洗うために使った「ナルドの香油」はスパイクナードを用いたキャリアオイルであるとされ、現在でもアロマテラピー用のエッセンシャルオイルとして絶大な人気を誇っている。

ネパールのカトマンズの薬草市場では稀にスパイクナードの根が販売されており、不眠緩和などの目的で用いられることが多い。ただし、私も購入して帰ったが、スパイクナードから漂う獣臭はかなり強烈である。

タカサゴムラサキアカザ

Chenopodium giganteum ｜ ヒユ科アカザ属

ネパールでは野菜としてよく畑で栽培されている一年草。日本でおなじみのアカザによく似ているが、より赤みが濃く、深く切れ込んだ鋸歯を持つ。

ネパールではカレーに加えたり、アチャール（ピクルス）やスープなどに用いる。葉はシュウ酸が多く、塩を加え下茹でしてから調理する。ホウレン草を濃くしたようなワイルドな味わいが特徴で、一度食べるとクセになる。また、雑穀のアマランサスの近縁であるため、タカサゴムラサキアカザの種子も粒感があり、サラダやスープの上にのせると食感を楽しめる。

タイ
Thailand

　アジア7か国をめぐる今回の旅で、市場に出回るハーブやスパイスの種を最も多く記録したのはやはり圧倒的にタイである。タイ在住の植物研究家・山東智紀さんに選りすぐりの市場を案内してもらい、さまざまな有用植物をレクチャーしていただいた。

　特にタラートタイは衝撃的で、私が見てきた市場の中でも間違いなくNo. 1の市場である。タイのみならず、東南アジア圏でも断トツの規模を誇るのではないだろうか。タイでは定番の薬味であるシソクサ、パクチー、ノコギリコリアンダー、ベトナムコリアンダー、レモングラス、パクチーラオなど、凄まじい量で陳列されているが、それ以外にもマイナーでレアな果物や薬草がてんこ盛りで、何度も頭がパンクしそうになった。

　タラートタイの市場でさえ以前に比べれば廃れてきているらしいが、まだまだこういう野生植物を食す文化が根づいているのだと実感したタイは、野草にかかわる仕事している私にとって心から感動し、興奮した国である。

パクチー

Coriandrum sativum │ セリ科コエンドロ属

　地中海沿岸原産の一年草。「パクチー」はタイ語からきており、英名は「コリアンダー」。種子は「コリアンダーシード」というスパイスとして親しまれている。

　なんといってもあの独特の強い香りが特徴で、これにはカメムシなどとも似た、アルデヒド類の（E)-2-ドデセナールという成分が深く関係しているとされる。この芳香はかなり好みが分かれるが、エスニックハーブ好きには欠かせない香草の一つである。かくいう私も、ハーブの研究家でありながら、実はパクチーが苦手で、なるべく違う香草を選んで薬味に加えている。

　また、消化を助ける効果のある芳香成分も含むとされ、薬草としても世界中から注目されている。

　タイのマーケットでは根も販売されており、これはスープの香りづけなどに用いるそうだ。根茎は葉とは異なり、青臭くなくフェンネル（ウイキョウ）のような爽やかな芳香がある。部位によってカメレオンのようにイメージを変化させていく面白い植物である。

パクチーのスープ。

ノコギリコリアンダー

Eryngium foetidum │ セリ科ヒゴタイサイ属

カリブ諸島、中南米原産の多年草。タイ名は「パクチーファラン」、標準和名は「オオバコエンドロ」といい、パクチーと比べて葉がヘラ型で大きく、切れ込みが少ない。

香りはパクチーに似ているが、成分をより凝縮したような強い芳香がある。タイでは葉から種子、根まで料理に使い、ベトナムでも料理の付け合わせやバインミー（サンドイッチ）などに用いる。

ノコギリコリアンダーの葉は日本でもフレッシュなままで流通しており、つみれに練り込んだり、刻んで餃子に使用しても美味。また意外と知られていないが、種子にはコリアンダーシードとはまた違った芳香があり、カレー、ピクルス、リキュールの香りづけなど、さまざまな用途で用いられる。私もソルベの上にのせたりしていただいている。

豚のひき肉とノコギリコリアンダーのラープ。

パクチーラオ

Anethum graveolens ｜ セリ科イノンド属

　南欧から西アジア原産とされる一年草または二年草。パクチーラオは「ラオスのパクチー」の意で、ラオスやタイ東北部で非常に親しまれているハーブ。

　見た目はフェンネル（ウイキョウ）に非常に良く似ているが、フェンネルが多年草で葉柄部分が幅広く太くなるのに対して、パクチーラオは一年草で細い。

　英名の「ディル」は「鎮める」という意味の古代語に由来しており、神経を落ち着かせる鎮静作用、安眠効果があるとされ、西洋でも料理用のみならずメディカルハーブとして古くから利用されてきた。

　葉にはα-フェランドレンという成分が含まれ、パクチーラオらしい香りを作り上げている。この香り成分には腸管に溜まったガスを排出させる（駆風）作用があり、消化不良や腸内で発生するガスを抑えるという効果もあるとされている。また、種子にはフェンネルのような爽やかでスパイシーな芳香があり、成分としてはカルボンやリモネンなどが含まれている。

パクチーラオとさまざまな具を入れたスープ・ゲーンオム。

ベトナムコリアンダー

Persicaria odorata │ タデ科イヌタデ属

東南アジア原産の多年草。タイでは「パックパイ」「パックペオ」と呼ばれ、パクチーやシソクサなどとともに最もポピュラーな香草の一つ。近年は日本でも販売されており、特に苗はハーブショップなどで手軽に購入できる。栽培も容易で、初心者でも気軽に育てられる。

パクチーに香りは近いが、やや柑橘系の爽やかさを感じる、さっぱりした印象である。パクチーが苦手な私でも食べられたので、パクチーの独特の香りや味を好まない人でも比較的親しみやすい香草だと思う。

東南アジア料理や北東インド料理では葉を細かく刻み、鍋料理やスープなど、多くの料理にトッピングとして使われる。また生のままサラダに使うほか、ジャスミンライスを使ったベトナムのお粥チャウガーにも重宝する。

ベトナムコリアンダーを使った生春巻・ネームヌアン（ベトナム料理だがタイでも食べられている）。

レモングラス

Cymbopogon citratus｜イネ科オガルカヤ属

　インド原産の多年草。「西インド」「東イ
ンド」「北インド」それぞれの地域名を冠す
るレモングラスがあるほか、パルマローザ、
シトロネラグラス、ジャワシトロネラ、キ
ャメルグラス、オーストラリアンレモング
ラスなど多くの種類がある。

　一般的にいわゆる「レモングラス」とし
て流通しているものは西インドレモングラ
スで、マレーシアやスリランカを中心とし
た熱帯アジア原産とされ、現在では西イン
ド諸島をはじめ、中南米や熱帯アジア、東
アフリカでも積極的に生産されている。日
本でエスニック食材として冷凍販売されて
いるものも西インドタイプと言えるだろう。

　特徴的な肥大した葉鞘基部をトムヤムス
ープなどの料理の香りづけに用いる。タイ
の市場では、まるでニンニクのように白く
ぷっくりとしたレモングラスが販売されて
いる。細かく刻んでサラダにして食べても
美味しい。

鶏肉とレモングラスのガイパーンルアンタカイ。

ヨウサイ

Ipomoea aquatica ｜ ヒルガオ科サツマイモ属

　中国南部や東南アジアなどの熱帯アジア地域で、畑作もしくは広い河川を利用して栽培されている多年草。中国名「空心菜」は、茎がストローのように空洞になっていることに由来する。

　直径6cmほどのアサガオのような花をつける。白い花をつけるものと中心が赤くなる花をつけるものの2系統があるが、花の色は茎や葉の色と関係しており、赤花系統は茎も赤っぽくなる（上の写真）。こちらは炒め物などにした際に茶色く変色して見栄えがよくないため、調理用の野菜として出回っているものはほとんどが白花の系統である。ただし、ソムタム（青パパイアのサラダ）の付け添えなどで生食する場合は色味を気にすることがないので、どちらの系統も利用されている。

赤花系統の花（右）と、白花系統のヨウサイ（左）。シャキシャキとして生食でも加熱してもおいしく、タイをはじめ熱帯アジア全域で幅広く料理に用いられている。

クサトケイソウ

Passiflora foetida │ トケイソウ科トケイソウ属

つる性の多年草。原産地は南米であるが、熱帯地域に広く帰化し、東南アジアでもあちこちで見られる。

茎は細く、葉腋から出る巻きひげであらゆるものに絡みつく。両面に長く粗い毛の生えた葉は掌状に3裂し、互生する。

種小名の*foetida*は「臭い」という意味で和名にも「クサ」に表れている。現地にてこの香りを堪能する事が一つの楽しみであったが、実際に嗅いでみると正直そこまで臭くなく、パッションフルーツのようなトロピカルな芳香。臭さでは日本のヘクソカズラの圧勝であった。花の見た目は名前とは凄まじいギャップのある、白地に淡い紫色が差すキャンディのような愛らしい一日花。果実は球形の液果で、黄色～赤橙色に熟し、食用ホオズキのように甘酸っぱくて美味。稀に市場に出回る。

ジリンマメ

Archidendron jiringa │ マメ科アカハダノキ属(アルキデンドロン属)

ミャンマーからマレー半島に分布する常緑高木。西マレーシア地域では栽培されている。

葉はネムノキのような4～6小葉の偶数羽状複葉で長さ30cmほどになり、揉むだけでも特有の異臭を放つ。種子はマメ科の中でも大きく、直径5cmほどの種子が螺旋状の巨大な莢に入っている。

マーケットでは莢ごと吊るされているか、種子がバケツなどに入れられて販売されている。種子にはデンプンや油分が多く、ニンニクのような異様な臭いを放つが、発酵させてもやし状にしてから炒めるなどして

食べるそうだ。ただし、種子には有毒のジェンコル酸が含まれるため、大量に食べてはいけない。

ミズオジギソウ

Neptunia oleracea ｜ マメ科ネムノキ亜科

　熱帯アジア、アフリカ、南米に分布する多年草。水辺に繁茂し、オジギソウのように刺激すると葉を閉じることから「ミズオジギソウ」と呼ばれている。葉は2回羽状複葉で、花は黄色。全体的にオジギソウに似ているが、本種にはトゲがない。

　私が初めてこの種に出会ったのは京都府立植物園の温室前のビオトープである。熱帯スイレンのわきに、ごく控えめにたたずんでいた。しかしその数ヶ月後、バンコクの野菜マーケットで見たときには、野性味あふれる姿で大量に山積みされており、異様なまでの存在感を発揮していた。

　タイでは「パックガチェー」と呼ばれ、タイの食用植物の中でも庶民的でポピュラーな野草で、屋台やレストランで必ずと言っていいほどメニューに入っている。葉や若い茎は豆苗のような甘みがあり、茎はヨウサイ同様に芯が空洞で、スープやお浸しなどにして食べるとシャキシャキして美味しい。なお、茎には水に浮くための白いスポンジ状の浮きができるが、食べる際には取り除く必要がある。

ミズオジギソウの花（左）。ミズオジギソウの炒め物（右）。

チャオム

Senegalia pennata ｜ マメ科セネガリア属

　南アジアから東南アジアにかけて自生する常緑低木。高さ5mほどまで成長する。葉は2回羽状で細長く、無毛の小葉がつく。花はクリーム色で1cmほどの球状の集合花となり、それが円錐花序につく。

　タイのマーケットでは年中出回っており、非常に人気な香草野菜である。雨季は香りと酸味が強くなると言われている。チャオムの硫黄のような独特の香りが東南アジアの料理に非常にマッチし、タイ名物の卵焼き・チャオムトードサイカイに使われている。

　匂いは独特であるが、歯ごたえと後味の風味は非常に中毒性があり、私もいつの間にかチャオムの大ファンになっていた。強烈ではあるが、それがクセになるのである。日本では近年苗も市場に出回っており、栽培も容易とされ、家庭でエスニック食材を楽しむ方も増えている。

チャオムトードサイカイ。

タロイモ

Colocasia esculenta ｜ サトイモ科サトイモ属

古代マレー地方が原産と考えられている多年草。サトイモ、エビイモ、エグイモなどは栽培品種として本種から生み出されている。世界各地の温暖な地域で根菜として利用されており、熱帯アジアやアフリカの熱帯雨林地帯ではさらに多くの種が栽培され、これを主食としている民族や地域も多い。

子芋を食べる一般的なサトイモ類と異なり、タロイモは親芋を食用にする。

タイの市場ではポピュラーな根菜で、さまざまな料理に用いられる。私が特に好きなのはタロイモを使用したスイーツである。なかでもタロイモケーキは特有の粘りが存分に堪能でき、タイに行くと必ずおやつに食べたくなる。

クレン

Dialium cochinchinense ｜ マメ科ディアリウム属

高さ30mにもなる落葉高木で、サバナ林に自生する。幹は鱗片状に剝がれ、褐色をしている。葉は羽状複葉で基部が丸く、先端が尖っており、縁は滑らかである。花は6月〜9月に香りのよい白い花を咲かせる。

果実（豆）は長球形で、外皮は固く黒色をしていて黒豆のようである。中には褐色のパルプに包まれた長球形の種子が1つ入っている。

ベルベットタマリンドと混同されることが多いが、クレンとは別種で、ベルベットタマリンドは2倍ほど豆のサイズが大きい。

市場ではブドウのように房状になったクレンの豆をしばしば見かける。内部のパルプはほんのり甘く、スイーツ、スープ、ソースなどに用いる。若い葉も食用とされる。

バンウコン

Kaempferia galanga ｜ ショウガ科バンウコン属

インド原産の多年草で、東南アジアからマレーシアにかけて広く栽培されている。ショウガ科にしては草丈は低く10cmほどで、地に這うように長さ7～12cmの葉が出る。かわいらしい白い花は朝のうちだけ咲き、午後には萎む。

タイのマーケットではたいてい根茎だけが販売され、さまざまな料理の風味づけや薬酒やハーブティーなどに用いる。生でかじるとショウガに似た爽やかな芳香のあとに辛味が残る。根茎は東南アジアでは広く用いられていて、調味料やグリーンカレーの香辛料として利用され、柔らかい葉もサラダのようにして食べるそうだ。

バンウコンの根茎は「山奈（さんな）」という生薬としても流通しており、鎮痛作用や消化促進作用があるとされる。日本へは江戸時代に渡来し、当時は芳香性健胃薬などに利用されたそうだ。

バンウコンとコブミカンの葉、貝の炒め物。

プライ

Zingiber purpreum ｜ ショウガ科ショウガ属

東南アジア原産の多年草。「プライ」はタイ名で、日本では「ポンツクショウガ」の俗称で知られる。

タイで食用として親しまれているショウガ科植物のカランガル、アキウコン、バンウコン、ショウガに比べ、プライは野菜マーケットではあまり遭遇しない。それもそのはず、プライは食用よりも外用薬としての利用がメインで、特にハーブスチーム、ハーブボール、サウナなどで非常に重宝されている。

根茎にはショウガ科特有の華やかな芳香があり、β-ピネンやサビネンを含み、筋肉の緊張や痛みを和らげ、炎症を抑える作用がある。私も初めてチェンマイでプライ入りの蒸し風呂を体験したが、鼻腔を爽快に突き抜ける香りに感激した。

また根茎は主に薬用であるが、稀に花序が食用としてマーケットに出まわる。食べ方はいたってシンプル、湯がいてナムプリック（ディップソース）をつけて食べる。

プライの薬草サウナセット

シロゴチョウ

Sesbania grandiflora │ マメ科セスバニア属

樹高3〜10mになる常緑低木。葉は羽状複葉で、夜間は葉を閉じる。白色や赤色の大きな蝶のような形の花を咲かせる。

タイのマーケットでは、日本ではまず見ない不思議なエディブルフラワーがたくさん販売されているが、現地では特にこのセスバニア属をよく食べる。花と若葉を食用とし、基本的に湯がいてガピ（オキアミを発酵させたペースト）ベースのナムプリックをつけたり、炒め物やスープに入れたりする。

シロゴチョウの赤花はデイゴのような雰囲気で、市場に置いてあると非常に目立つ。赤花、白花とも食べられるが、白花を使うことが多く、特にカレー風味の煮物・ゲーンソムにして食べる。基本的に苦味やクセはなく、野菜のようにバクバク食べられる。なお、樹皮からも繊維を茶色に染める染料がとれる。

ヤサイカラスウリ

Coccinia grandis │ ウリ科コッキニア属

つる性の一年草。タイでは「タムルン」と呼ばれ、住宅街や川沿いでよく雑草化している。日本のカラスウリと非常に似ているが、本種は葉にざらつきがなくツルツルしている。花もレース状には割けず、シンプルな5弁の白花である。味わいはかなり異なり、カラスウリは果汁を一舐めするだけで舌に皺がよるような苦味があるが、こちらは和名の通り野菜らしい食べやすさがある。

タイの家庭料理では果実を油炒めやスープ、ピクルス、シロップ漬けにする。鮮やかな赤橙色にはβカロテンやリコピンが含

まれる。葉は非常にシャキシャキして歯切れもよく、噛むとズッキーニのような食欲をそそる青い香りがある。私はシンプルに炒め物にしていただくのが好きである。

パンダンリーフ

Pandanus amaryllifolius ｜ タコノキ科タコノキ属

　東南アジア原産の常緑低木。和名は「ニオイタコノキ」といい、タコノキ科の中でも葉に熱を加えるとバニラのような芳香があるのが特徴。独特な甘い香りから「東洋のバニラ」とも呼ばれている。なお、「タコノキ」の名は、複数の支柱根がタコの足に似ていることに由来する。

　タイをはじめ広く東南アジア地域で、料理やスイーツの香りづけ、色づけに欠かせないハーブ。タイのマーケットのお菓子コーナーでは、鮮やかな緑色をしたお餅やカステラが売られているが、これらはパンダンリーフのパウダーを混ぜたさまざまなお菓子で、とても人気がある。ラン科のバニラよりもほのかで、食材を邪魔しない香りである。

　スリランカでもカレーに入れると聞く。私自身は、おこわを炊くときにパンダンリーフを加えるのが好きだ。また、葉を陰干ししてパウダー状にし、溶かしたチョコレートに加えても非常に相性がよい。

パンダンリーフで作ったわらびもちのようなゼリー。ココナッツの胚乳を削ったものを紛してある。

原種ゴーヤ

Momordica charantia ｜ ウリ科ツルレイシ属

つる性の一年草。果実は長さ1.5〜2cmほどと小さく、栽培種よりも全体的に華奢で、茎や葉に白い毛が多い。

タイのチェンマイの市場をはしごしている途中で、壁に絡みついている本種を発見した。最初はカラスウリの仲間かと思ったが、花の形態を手掛かりに図鑑をたどって、この愛らしいミニチュアのゴーヤにたどり着いた。

タイでは本種の若いつるを、ハヤトウリと同様に炒め物などにして食べる。ベトナムの市場でも本種のつるが一般的な野菜とともに販売されていた。

コショウ

Piper nigrum ｜ コショウ科コショウ属

インド原産のつる性多年草。東南アジアのみならず、世界中の熱帯域で広く栽培されている。

料理のレシピでも「塩、コショウ」が決まり文句になっているほど読者にもすでに身近なスパイスだと思うが、果実には強い芳香と辛みがあり、香辛料としてさまざまな料理に広く利用されるスパイスの王様。食欲をそそるあの爽快な香りはアルカロイド類のピペリンやシャビシンが刺激・辛味の主成分となっている。

近年では沖縄でも栽培されており、同属のピパーチとともに産直市場に並んでいるのを見かける。果実の処理法によって、黒コショウや白コショウ、赤コショウなどに分けられる。タイでは果実を青い状態のまま炒め物などにして食べる。葉も薬用にされ、頭皮ケアなどに用いる。

チャヤ

Cnidoscolus aconitifolius ｜ トウダイグサ科クニドスコルス属

メキシコを原産とする常緑小低木。タイでは樹木野菜として、地方の家庭では菜っ葉のようにスープや炒め物の具として重宝される。

「樹木野菜」とは少し聞き慣れないようだが、日本でもウコギ科の樹木（タラノキ、コシアブラ、タカノツメなど）の新芽や若い葉を、山菜として天ぷらやお浸しにするのが非常に好まれている。これらは日本の樹木野菜と言ってもよいだろう。

チャヤは「木のホウレン草」として知られ、成長が早く、葉も大きいので庭先に植えておけば非常に便利である。種小名の*aconitifolius*は「トリカブトのような葉」の意であるが、私が現場で見た印象では、パパイアの葉に非常に似ていると思った。

基本的にトウダイグサ科のグループは有毒であり、やはりこのチャヤに関しても、生の葉は有毒のシアン配糖体が含まれるので、食べる前に加熱調理する必要があるとされている。味わいはクセがなく、キャベツのような食感で、非常に食べやすい。毎日食べても飽きない味である。

チャヤの花

コブミカン

Citrus hystrix │ ミカン科ミカン属

　タイ、マレーシア原産とされる常緑低木で、「スワンギ」「プルット」の別名もある。タイ料理のみならず東南アジアの家庭料理には欠かせないハーブで、よく庭木として栽培されているものを見かける。

　本種の葉はユズの葉に似てミカン属の中でも特徴的な形態で、葉柄部分に葉身と同じくらい大きな翼があり、葉全体が二段になっているように見える。この葉は凄まじく強い芳香を持ち、タイ料理ではトムヤムクンやグリーンカレーに欠かせない。また果皮はシャンプーやヘアトリートメントに用いられ、私もチェンマイで購入したが、頭皮がスースーして非常に使用感がよかった。

　近年では日本でもコブミカンが認知されつつあり、苗木も市場に出回り一般的に購入できる。環境にもよるが、栽培は容易で家庭でも本場タイの家庭料理を楽しむ事ができる。

葉が2枚連なっているように見えるが、これで1枚の葉である。

インドセンダン

Azadirachta indica │ センダン科インドセンダン属

インド原産の常緑高木。インドの伝統医学・アーユルヴェーダでは抗菌、解熱、また外用では皮膚炎によいとされ、古来から「神聖なる木」「神秘の樹木」などと呼ばれ親しまれてきた。また虫除け効果が期待できる植物としても知られ、日本のホームセンターでも苗が販売されているのを見かける。近年は英名の「ニーム」という名称で美容・健康食品業界では怒涛の勢いで認知され始めており、薬効の多さから「ミラクルニーム」とまで呼ばれることもあるようだ。

タイのマーケットでは若い新芽（上の写真）が野菜のように販売されており、基本的には焼いたナマズ料理の付け添えにした

り、ナムプリック（ホットソース）をつけて食べる。

日本のセンダンはえげつない苦さがあるが、このインドセンダンはそこまで苦さはなく、スパイスの効いたナムプリックとよく合う。

インドセンダンの葉。

キワタ

Bombax ceiba │ アオイ科キワタ属

形態に基づいた旧分類体系によってはパンヤ科。原産は熱帯アジア原産（パンヤはアメリカ・アフリカ原産）の落葉高木で、中国では古来より植栽されている。

タイのコーンケーンに行った際、寺院や街路樹としてよく植栽されているのを目撃した。花は肉質で非常に鮮やかな赤色をした5弁花で、「木棉花」や「紅棉花」と呼び、五花茶などのハーブティーに使われる。また、種子は長く白い繊維に包まれており、枕、布団の綿として重宝されてきた。

花の内側にあるイソギンチャクのような雄しべ部分は「ドークギアオ」と呼ばれ、市場の茶葉コーナーでは必ずと言っていいほどよく見かける。特に味はないが、麺料理のナムギアオには必ず入っており、滋養強壮、慢性胃炎、下痢、利尿、解熱などさまざまな効能があるとされている。

カリッサ

Carissa carandas │ キョウチクトウ科カリッサ属

まるでキャンディのようなピンク色が可愛らしい、2cmほどの長球形をした実。基本的にキョウチクトウ科の植物は有毒のものが多いが、カリッサに関しては食用可能。見た目とは裏腹にまったく甘くなく、口に頬張った瞬間レモンのような酸味、渋みが口の中に広がる。この酸味は調味料の一つとしてカレーの味つけに用いたり、砂糖と煮てジャムにしたりする。

カリッサの色々な部分が利用され、ビタミンCや鉄分の豊富な果実は砂糖漬け、や薬酒、未熟果はピクルスなどに用いる。またインドやバングラデシュでは葉を解熱や

下痢止めに、根は胃薬にする。そのほか糖尿病、皮膚病などの民間薬にも用いられている。

ソムオー

Citrus maxima ｜ ミカン科ミカン属

　東南アジア、中国南部、台湾原産の常緑低木。タイ全土で栽培されている。タイ名で「ソムオー」、英名で「ポメロ」と呼ばれるこの柑橘は、砂糖漬けの長崎名物などで私たちにも馴染みがある、ザボン（ブンタン）のことなのだ。

　ソムオーは自然交雑と人為的交配により色々な品種が生み出されており、有名どころではグレープフルーツ、ナツミカンなどはブンタンの流れを汲んだ品種である。ソムオーは日本で食べられるザボンに比べ、グレープフルーツのような酸味は限りなく少なく、マイルドで非常に食べやすい。果肉の水分量も日本のものに比べ少なく、パサパサしていて、果物というより野菜に近く、サラダなどに向いている印象である。

　またマーケットでは皮を剝いた果肉がパック詰めにしてよく売られている。ソムオーにもいろいろな品種があり、果肉の色がオレンジ色のものはタイでは「ソムオータップティムサイアム」といい、珍しいため黄色いものより値段が高い。

皮を剝いて売られているソムオー。

パラミツ

Artocarpus heterophyllus ｜ クワ科パンノキ属

インドからバングラデシュが原産とされる常緑高木。東南アジア、南アジア、アフリカ、ブラジルで果樹として栽培されている。材はシロアリに強く、マホガニーの類似品としても用いられる。

インドでは「カタル」、インドネシアやマレーシアでは「ナンカ」、フィリピンでは「ランカ」、タイでは「カヌン」、ベトナム語では「ミッ」と呼ばれ、南〜東南アジアでは欠かせない果物。英名は「ジャックフルーツ」だが、これは南インドのマラヤラム語の「チャッカ」に、和名の「パラミツ」は漢語の「波羅蜜」に由来するという。

実のつき方が特徴的で、長さ70cm、幅40cm、重さ40〜50kgにもなる巨大な果実が、幹や太い枝から直接ぶら下がってつく。世界最大の果実とも言われ、黄色い果肉や仮種皮を食用にする。

マーケットでは丁寧にカットされたパラミツがラッピングされ、パイナップルのように陳列されている。ほんのりイチジクのような甘さがあり、果汁は少なく繊維質でサクサクしている。味がやさしいので最初は物足りない感じがするが、気づけばどんどん食べ進んでいる。種子も食用として販売されている。

カット販売のパラミツ。

ナンヨウゴミシの仲間

Antidesma puncticulatum ｜ コミカンソウ科ブニノキ属

東南アジアの国々に自生する常緑樹高木。市場の果物コーナーの常連とは言えず、稀に登場する季節物で、レアな木の実のようである。マンゴスチンやロンコンなどがセンターを飾るなか、本種は隅っこに並べられている。私はそれが一番気になり、店の人に活用法を聞いてみると、絞ってジュースにしたりワインを作ったりもするそうだ。

生のまま食べてみると、甘さはまったくなく、とにかく酸っぱい。ただ嫌な酸味ではなく、非常に爽やかな、ハイビスカスティーのような感じである。

日本の沖縄でもブニノキ属のシマヤマヒハツ (*Antidesma pentandrum*) が栽培され、よく活用されている。こちらは酸味がきいた果実をジャムにしたり、酵素シロップにしたり、コンブ茶に加えてあったこともある。

柄についた状態のナンヨウゴミシ。

マダン

Garcinia gummi-gutta ｜ フクギ科フクギ属

　インド、スリランカ、ミャンマーをはじめ東南アジア圏では広く栽培されている常緑高木。別名は「ガルシニア」で、こちらの名称の方が一般的かもしれない。

　タイのマーケットで見る果実は4〜7 cmほどの大きさがあり、果皮が黄緑から緑色で非常に艶やかでつるつるしている。

　マダンの果皮に含まれるヒドロキシクエン酸は、運動中の脂肪燃焼を高める機能があるとされ、健康食品やサプリメントとしても注目されている。またインドの伝統医学・アーユルヴェーダにおいては、古来より胃潰瘍の治療に使われ、民間薬として重宝されている。

　タイやインドでは本種の酸味を活かして、カレー、アチャール（ピクルス）、スープ、ソースなどの料理に酸味料として用いられている。

　カタバミ科のナガバノゴレンシは本種とよく似ているが、果実の表面のツヤ感と種子の形状で区別がつく。

マダンの実を塩漬けにし、トウガラシで和えた料理。

マンゴスチン

Garcinia mangostana ｜ フクギ科フクギ属

マレー原産の常緑高木。東南アジアから南アジア、中南米の一部でも広く栽培されている。輸出国としてはタイが有名で、西洋の貴婦人たちに愛され、熱帯地域の各地へ移入が試みられてきた。

ドリアンを「果物の王様」と呼ぶのに対して、マンゴスチンは赤ちゃんの柔らかいほっぺたのような果肉、ジャスミンとモモを足したような上品な味わいから、「果物の女王」と呼ばれている。タイのマーケットでは一年中置かれていて、私も行ったときは必ず購入し、ホテルの冷蔵庫に常備している。ただし、果皮の特有の色素はベッドのシーツなどにつくと取れないため、マンゴスチンを持ち込み禁止にしているホテルも多い。

果皮の赤紫の色素はキサントンという成分で、抗酸化作用、整腸作用があるとされ、感染症の予防などにも用いられている。

果皮にも有効成分が含まれているが、繊維につくと落ちないので注意が必要。

ライチ

Litchi chinensis ｜ ムクロジ科レイシ属

中国南部からベトナム北部原産とされ、主に中国、台湾、インド、タイなどの熱帯・亜熱帯地域で栽培されている常緑高木。果実の表面は赤いうろこ状でざらついていて品種によってはトゲがある。果皮を剥くとしっとり艶やかな白色半透明の果肉（仮種皮）があり、その中に大きい種子が1個入っている。

中国では古来より薬用としても重宝され、世界三大美女の一人と言われる唐の楊貴妃が美容の為にライチを食べていたという。

ネパールやタイで食べた小粒のライチの近縁種はかなり酸味が強く、甘みは少なかった。日本では冷凍ものが主であるが、東南アジアの市場で売られているフレッシュなライチはとにかく香りがよく、非常にジューシーである。ただし保存がきかず、「ライチは枝を離れるや、1日で色が変わり、2日にして香りが失せ、3日後には色も香りも味わいもことごとく尽きる」との言い伝えもある。

果肉をかじると大きな種子が顔を出す。

ロンコン

Lansium domesticum ｜ センダン科ランサ属

　タイやベトナム、インドネシアに自生また
は栽培されている常緑高木。センダン科の
Lansium domesticum には主に３系統があり、
それぞれランサ（langsat）、ドゥク（duku）、
ロンコン（Longkong）と呼ばれている。ロ
ンコンはランサとドゥクの系統間雑種で、
果実が大きく、一房の実の数も多い。

　同科のセンダンはえげつない苦さがあり
駆虫薬として用いられるため、センダン科
で食べられる果物があると聞いたときには
耳を疑った。だからなおのこと、このロン
コンを食べたときには度肝を抜かれ、一口
で虜になった。見た目が似たライチに比べ
ると果汁が少なく、グミのようなしっとり

した食感がある。味わいはグレープフルー
ツのような酸味と、後味にはライチのよう
な甘みがある。フルーツ王国タイの果物の
中でもトップ５には入るおいしさではない
だろうか。

果肉はライチに似ているが、いくつにも分かれている。

レンブ

Syzygium samarangense │ フトモモ科フトモモ属

マレー半島原産の常緑小高木。台湾をはじめ、タイ、インド、フィリピン、マレーシアなど亜熱帯〜熱帯地域で栽培されている。4〜5月ごろにフトモモ科特有の長い雄しべが目立つ白い花を咲かせる。

果実は直径3〜7cmほどで、赤、緑などさまざまな色・形があり、特に暗赤色の物は高級とされていて、食感もよく糖度も高い。味はリンゴと梨を合わせたような淡い味わいで、まるでスポーツドリンクさながらのさっぱりした後味。食感はサクサクしており、果汁は少ない。薄い皮は普通、剥かずにそのまま食べる。

私は本種をよくスムージーにしたり、スライスして生ハムにくるんだりして食べる。

味にクセがないので、野菜のようにいろいろな料理にアレンジしても楽しい。

台湾では酸梅粉という、ウメやサンザシの実の乾燥粉末に砂糖、食塩などを配合した調味料をまぶして食べることがあり、屋台などでレンブを購入すると、小袋に入れた酸梅粉がサービスでついてくることがある。

果実を割った断面。

オオバナサルスベリ

Lagerstroemia speciosa ｜ ミソハギ科サルスベリ属

　インド、東南アジアから北オーストラリアまでの熱帯地域に分布する落葉高木。タイでは街路樹として、ナンバンサイカチなどとともによく植栽されている。

　同属ではあるが、日本の繊細な雰囲気のサルスベリとはまったく異なり、和名にも示されている通り花は倍近く大きく、花弁が6枚あり、濃い赤紫色から白色に変化する。

　フィリピン・タガログ語では「バナバ」と呼ばれ、薬用としても近年注目されている。葉を乾燥させ煎じたものは血糖値を下げる働きがあるといわれ、ダイエット効果や便秘解消による肌荒れ改善などの目的で、さまざまな加工品が開発されている。

遠目には日本でもよく見かけるサルスベリに似ている気がするが、近づくとその大きさの違いがよく分かる。

ベトナム

Vietnam

　今回の旅ではベトナム南部の大都市・ホーチミンを訪れた。ホーチミンは東南アジア有数の商業都市であり、さまざまな企業や店舗がひしめいているが、当然ながら市場の植物も充実している。東南アジアのスパイス・ハーブ図鑑をうたう本の取材で、ここに行かないわけにはいかないだろう。

　知人の紹介で薬草にも詳しい優秀な通訳者についてもらうことができ、ホーチミン近郊にあるあらゆる市場に足を運び、ひたすら撮影しまくった。ランチもディナーもすべて薬草関連のレストランに行き、日本ではまず食べないヘクソカズラの仲間（ラーマウ）を食べたり、ホーチミン名物の花鍋を食べたりと、非常に充実していた。

　ベトナムの薬草料理は基本的に甘み、酸味を活かした日本人好みの味つけが多いが、香草たっぷりのブンリュウやチャーカーなど、個性的なものもある。しかしどれも、とても美味しかった。

ドクダミ

Houttuynia cordata ｜ ドクダミ科ドクダミ属

　日本から中国、ヒマラヤ、東南アジアにかけての広い地域に分布する多年草。草丈は20〜60cmになり、黄緑色から紫色の地下茎が伸びる。ハート型で暗緑色の葉には腺点があり、裏面はしばしば紫がかった色になる。

　日本ではセンブリ、ゲンノショウコと並ぶ三大民間薬の一つ。

　全草にデカノイルアセトアルデヒド、ラウリルアルデヒドを含み、特有の臭気があるため、日本では乾燥させてお茶などにはしても、ドクダミを生で食べるなんてまず誰も思いつかないだろう。しかし、ベトナムではがっつり生でドクダミを食べまくる。

　現地で実際に食べてみると、とにかく葉が薄く、特有の香りはどこか爽やかに感じた。形態的にはほぼ同じでも、産地によって芳香成分のバランスが異なることは植物ではよくあることだ。

ドクダミの生春巻き。日本のドクダミより葉が薄く、香りが爽やかに感じる。

タイバジル

Ocimum basilicum var. *thyrsiflorum* | シソ科メボウキ属

東南アジアで広く栽培される一年草。スイートバジルやホーリーバジルとは異なり、葉はアニスやクローブのような香りを持つ。艶があり、縁にはっきりとした鋸歯がある。

見た目がよく似たホーリーバジルは茎や葉に綿毛が多いが、本種は基本的に無毛で、茎が紫色なのが特徴である。

生葉はベトナムでは必ず出てくると言っていいほど定番の香草。現地でさまざまなレストランをリサーチする限り、パクチーよりも本種の方が登場回数が多かった。特にベトナム料理の代表的な米麺・フォーには欠かせないハーブである。またタイでも「ホーラパー」と呼ばれて重宝され、鶏肉料理やサラダに使用される。

キンゾイ

Elsholtzia ciliata | シソ科ナギナタコウジュ属

東南アジアに広く分布する一年草。高さ30〜70cmにほどになる茎は断面が四角形で軟毛があり、分枝が多い。葉は卵形で縁に鋸歯がある。

キンゾイはベトナムでは非常にポピュラーな香草で、一般的なスーパーで売られている。歯切れのよい葉はエゴマにレモン風味をプラスしたかのような爽やかな香りがする。日本に分布する同属のナギナタコウジュは少しクセがあり生でむしゃむしゃ食べられる印象はないが、キンゾイは生春巻きやバインセオなどには欠かせない。

キンゾイ類の全草を乾燥したものは「香薷（こうじゅ）」という生薬にもなり、解熱・利尿薬に用いる。またアイヌはナギナタコウジュを「セタエント」と呼び、刈り取って乾燥させたものを煮出して茶のように飲用するという。

ラーマウ

Paederia lanuginosa │ アカネ科ヘクソカズラ属

　つる性の多年草。葉は両面に綿毛が多く、表は深緑、裏は紫色と特徴的で、市場の香草コーナーでもひときわ目立ち、独特のオーラを醸し出していた。

　ベトナムではたまに地方の民家で野生化しているものを見かけるが、基本は畑などで栽培されている。日本のヘクソカズラの近縁で、和名のとおり臭いにおいがする植物とされ、民間の外用薬には用いるが、ベトナムではその仲間を食べると聞いて非常に驚いた。

　現地ガイドがこれを食べられるレストランに連れていってくれた。食べ方はいたってシンプル。ミミガー（豚の耳）をラーマウの葉に巻いて甘酸っぱいタレにつけて食べるのである。ヘクソカズラのような独特の芳香はかすかにあるが、ミミガーのマイルドな脂がそれをうまく包みこみ、美味いと感じた。

ラーマウとミミガーの料理。

ペパーミント

Mentha × piperita｜シソ科ハッカ属

和名は「コショウハッカ」もしくは「セイヨウハッカ」。ヨーロッパ原産の多年草で、世界中で栽培されている。スペアミントとウォーターミントの交雑種とされ、ペパー（コショウ）と言うだけあって非常に香りが強くスパイシーである。

　ベトナムのマーケットでは稀にスペアミント等と一緒に並べてあり、料理の中にもよく見かけた。強いメントールの芳香が甘酸っぱいベトナム料理のタレにマッチし、食事の合間に食べると味のアクセントや口直しになり、非常に楽しい。

スペアミント

Mentha spicata｜シソ科ハッカ属

　地中海沿岸原産で、ヨーロッパ各国やアメリカ合衆国を主として、ベトナムでも栽培されている多年草。ペパーミントに比べ草丈が低く、葉は皺が多い。

　スペアミントはペパーミントや日本の和ハッカなどに比べ甘味が強い。これはカルボンが主成分として含まれているためで、胃の調子を保ち、胃腸に溜まったガスを除き（駆風）、痛みを取り除く作用があるとされ、メディカルハーブとして用いられる。香りが非常に柔らかいため、お菓子やリキュール、化粧品の香料としても広く利用されている。

　ベトナムでは定番の薬味で、どのレストランでもタイバジル、シソクサ、スペアミントは必ずと言っていいほど出てきた。私はそれまでミント類を生で食べることに少し抵抗があったが、ベトナムではこの固定観念がぶち壊された。

カズザキコウゾリナ

Blumea lanceolaria ｜ キク科ツルハグマ属

　台湾、中国南部、東南アジア、インドに分布し、日本でも八重山諸島の山地に生える多年草。大型のキク科で、80〜150cmほどの茎が直立する。葉は細長い楕円形で先が尖っており、表面はクチクラがかなり発達していて、艶っぽくて固い。縁には鋸歯がある。

　ベトナムの野菜マーケットでは本種の若い葉を丁寧に摘んだものが朝一番に並び、家庭料理で使用される。春菊のような、キク科特有の爽やかな苦味が特徴的である。

　ベトナムではこれを生で細かく千切りにして、甘辛い豚肉に乗せて食べたが、日本のツワブキやフキのような風味に非常に似ていると感じた。

カズザキコウゾリナの和え物。

ウドンゲノキ

Ficus racemosa ｜ クワ科イチジク属

インド原産の常緑高木。ベトナムでは「スン」と呼ばれ、ベトナム語で「幸せ」を意味する言葉に音が似ていることから、ベトナムでは非常に縁起のよい果物とされ、庭先で本種が栽培されているのをよく見かける。

葉は日本に生えるイヌビワのようだが、葉の表面が艶っぽく、近縁のアコウとイヌビワとの中間という感じ。花はイチジク属特有の壺状の花托の内面につき、外からは見えない。

3cmほどの果実はベトナムではよくチリソースをかけて食べる。熟すとイチジクのような優しい味わいで美味。

柔らかい葉は野菜としても食べ、生春巻きやバインセオなどに入れる。

ニンビン地方では特産のヤギ肉と本種の葉を一緒に食べるのが名物で、ヤギ特有の風味と葉の酸味が非常にマッチする。日本のイヌビワで同じようにして食べてみたが、やはり何か物足りなさを感じた。

ウドンゲノキの実のチリソースがけ。

オトメアゼナ

Bacopa monnieri｜オオバコ科オトメアゼナ属

世界中の熱帯〜亜熱帯地域に広く分布する多年生水草。日本では水草専門店で「バコパ・モンニエリ」の名で販売され、それが帰化し、沖縄などの池沼や水路などで野生化しているのを稀に見かける。

インドの伝統医学・アーユルヴェーダでは「ブラーミ」と呼ばれ、非常に重要な薬草として親しまれている。日本のハコベのように群生し、5弁の白い小さな花を咲かせている姿は非常に愛らしいが、凄まじい繁殖力で、外来種問題になっている一面もある。ベトナムでは全草がバ

インセオやフォーなどに使用され、爽やかな苦味がアクセントになり、気づけばいつの間にかたくさん食べてしまっている。

ウスバスナコショウ

Peperomia pellucida｜コショウ科サダソウ属

東南アジアでは湿った道端や植え込みなどでよく見かける一年草。日本でも帰化植物として沖縄で報告されている。

葉や茎が見るからにみずみずしく、歯ごたえがありそうな野草である。実際にベトナムで食べてみると、強い清涼感と特有の歯ごたえがあり美味しかった。ベトナムでは一般的に「ラウカンクア」と呼ばれて、サラダや和え物、スープの具材として用いられ、市場でもよく見かける。

個人的には日本の味噌とも相性がいいと感じ、豚肉と一緒に味噌炒めにしてみると、本種の爽やかなスパイシー感が味噌に非常にマッチしていた。

ラーザン

Urceola polymorpha | キョウチクトウ科ウルケオラ属

インドシナ半島原産の多年草。葉は卵形で長さ2.5〜10cm、幅2〜5cmと大きさにばらつきがある。

ベトナムでは主に鶏や魚料理の酸味づけに使われる。スープや鍋料理に用いることも多く、加熱すると柔らかくなる葉の独特な苦味と酸味が甘酸っぱいスープにマッチし、クセになる。生食するときは細かく千切りにするなどして硬い繊維を壊す必要がある。

キョウチクトウ科の仲間は東南アジアでは食用可能な種もあるが、日本では有毒の種が多いため、現地で最初に食べるときはハラハラドキドキである。

キダチキバナヨウラク

Gmelina arborea | クマツヅラ科グメリナ属

中南米の熱帯原産で、現在では世界中の熱帯や温帯地域に広く分布し、ベトナムでも稀に植栽されている常緑樹。成長が非常に早く、材も建築や家具に用いられる。

花が特徴的で、枝先に総状花序を出し、径3〜4cm程度のキツネ色の筒状花を咲かせる。花冠は3裂し外側は褐色の毛で覆われている。

果実は熟すと黄色に変わり、フルーティーな香りがするが、食べてもあまり美味しくない。近年は本種のエキスが皮膚のコンディションを整えるとして化粧品などに用いられている。

キバナオモダカ

Limnocharis flava ｜ キバナオモダカ科キバナオモダカ属

　熱帯アメリカや西インド諸島が原産の多年草。水生植物で高さ70cmにもなり、東南アジアの水田ではサトイモの葉のように巨大化したものを稀に見かける。葉はしゃもじ形で柔らかく、茎の断面は三角形。花軸の先に黄色く可愛い3弁花を数個咲かせる。

　東南アジアでは水草野菜のなかでも特にポピュラーで、スープや鍋料理などによく用いられる。私はベトナムで人気の花鍋のお店で初めて食べ、あまりの食べやすさに感激した。

　日本でもコナギやミズアオイなどを食べる文化はあるが、水草特有のアクを抜く作業が重要になる。しかしキバナオモダカはアクが非常に少なく、スープに加えても花茎の歯ごたえがしっかり残っており、味もクセがなく、他の素材の個性を邪魔しないのである。日本でも流通したらきっと売れるのではないだろうか。

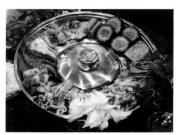

キバナオモダカの花鍋。

ヒカマ

Pachyrhizus erosus ｜ マメ科クズイモ属

メキシコ原産のつる性多年草。古来から
メキシコの先住民族の野菜として親しまれ、
近年は世界中で栽培されている。地表部が
クズに似ており、若い株の塊茎状の根を食
用にすることから、和名では「クズイモ」
という。

ベトナムのマーケットで最初に見たとき
は、アブラナ科の野菜かヒユ科のサトウダ
イコンの仲間かと思った。しかし、葉が特
徴的な3出複葉でマメ科だとわかった。塊
茎の表皮は黄色から茶色を帯びており、か
ぶりつくと梨のような食感で、後味にほん
のり青リンゴを思わせる酸味と甘味がある。

ヒカマは栄養価が高く、特にビタミンC
や、イヌリンをはじめとする水溶性食物繊
維が多く、カロリーも低いので、血糖値に
影響を与えにくいとされている。

ヒカマのスープ。

ナンバンカラスウリ

Momordica cochinchinensis │ ウリ科ツルレイシ属

　中国南部〜東南アジアとオーストラリア北東部に分布するつる性多年草。雌雄異株で、長さ13cmほどのラグビーボール状の果実をつける。熟した実の表面は暗橙色で小さなトゲがあり、割ると中心にどぎつい暗赤色の仮種皮に包まれた種子が入っている（上の写真の赤い果実。左の緑色の果実はパンノキ）。

　ベトナムでは「ガック」と呼ばれ、マーケットでよく見かける野菜。

　生薬としては「木鼈子（もくべつし）」と呼ばれ、種子に含まれるサポニンの一種・モモルジンなどの成分に消腫、解毒などの作用があるとされる。

　またこの鮮やかな色素は縁起物で、東南アジアでは料理などの色づけに用いられる。

　ベトナムでは仮種皮や種子をもち米と炊き込んでソーイガックという濃い橙色の甘いおこわを作り、旧正月や結婚式などの慶事に供される。

　なお、台湾の烏来でもナンバンカラスウリのジュースが人気で、私もお風呂上がりによくこのジュースをいただいた。トマトジュースに蜂蜜を加えたような味わいで、非常に飲みやすく美味しかった。

袋入りのソーイガック。

ハス

Nelumbo nucifera ｜ ハス科ハス属

インド原産の多年性水生植物。日本では花としても野菜としてもおなじみで、古名の「はちす」は花托の形状を蜂の巣に見立てたことに由来すると言われている。ベトナムでは「ホアセン」と言い、日本におけるソメイヨシノのように国民的に愛されている花でもある。

ベトナムのマーケットではハスのさまざまな部位が並んでいる。種子、太い地下茎（レンコン）、そして非常に驚いたのが、太くなる前の細い伸長地下茎である。白く細長い怪しい茎を初めて見たとき、一体何ものか分からなかった。この茎はベトナムではアク抜きし、サラダにしたり、海鮮鍋の具材にしたりする。非常に食べやすく、面白いことによく噛むとほんのりとレンコンの風味を感じる。ホワイトアスパラガスのようでもあり、非常に美味である。

太くなる前のハスの地下茎。これがあのレンコンになるとは想像がつかないほどほっそりした見た目。

ラカンカ

Siraitia grosvenorii ｜ ウリ科ラカンカ属

中国原産のつる性多年草。近年ではベトナムでも栽培されている。従来はゴーヤと同じツルレイシ属に分類されていたが、1984年になって学名が変更された。和名は、特殊な薬効が仏教の聖人である羅漢のようだからとか、まん丸の実が剃髪した羅漢の頭に見えるからとも言われている。

雌雄異株で地下に塊茎を作る。夏にゴーヤのような小さな黄色の花をつけた後、大きさ5cm程度の腺毛が生えた果実がなる。

多くの品種が存在するが、長灘果、青皮果、冬瓜果、拉江果の4種が一般的である。本種を用いた甘味料は砂糖よりも甘い。この甘味成分の多くはブドウ糖と果糖で、特有の強い甘みはモグロシドと呼ばれる成分による。モグロシドは抗炎症、抗酸化作用があるとされ、自然派の甘味料として利用されている。

タマリンド

Tamarindus indica ｜ マメ科タマリンド属

アフリカの熱帯地域原産の常緑高木。東南アジアでは欠かせない植物で、盛んに栽培されている。街路樹や庭木としても利用され、根元にタマリンドの実生（みしょう）が芽生えているのをよく見かける。樹高は20m以上にもなり、葉はネムノキのような羽状複葉。若葉はかじると酸味があり、スープやサラダなどに用いる。

独特な形をした果実（莢）は、長さ7〜15cmのソーセージのような湾曲した円筒形。果皮は薄くてもろい。中の茶色いパルプはねっとりとしたドライフルーツのプルーンのような食感。味は若いときは酸味が強く、

ジュースや料理の酸味づけなど幅広く用いられる。熟れると酸味が薄れ甘くなる。

樹皮には収れん作用や強壮作用、葉の汁には関節炎や眼痛を和らげる効果、果肉には健胃作用や整腸作用、解熱作用などがあるとされる。

カンカニクジュヨウ

Cistanche tubulosa │ ハマウツボ科ホンオニク属

　中国新疆ウイグル自治区のタクラマカン砂漠に分布し、近年では周辺地域で栽培もされている寄生植物。日本国内では単に「カンカ」と略され流通していることが多い。

　タマリスク（ギョリュウ）の根部に寄生し、葉緑体を持たないので、光合成ができない。多肉質で触るとお肉のようにムチムチしていることが和名の由来になっている。

　ベトナムではホーチミン5区漢方通りの生薬マーケットで見かけるレア薬草である。私も実際に購入し、恐る恐るかじってみたが、ドライイチジクのようにほんのり甘くて美味しかった。もしかすると食べやすいように加工しているのだろうか。

　本種は多様な有効成分の研究がされている。主な成分はカンカノシドで、強い抗酸化力があるとされ、健康食品などに用いられている。また、エキナコシドは薬草エキナセアの主成分と同じもので、免疫力を高めることが知られている。

カンカニクジュヨウのお酒。

スターアップル

Chrysophyllum cainito ｜ アカテツ科オーガストノキ属

　中米や西インド諸島など熱帯の低地を原産とする常緑高木。和名は「スイショウガキ」、別名「ホシリンゴ」「カイニット」「ミルクアップル」などとも呼ばれ、果樹として世界中の熱帯地域で広く栽培されている。

　果実は5〜8cmほどのきれいな球形で、果皮が濃い紫色のものと緑がかった茶色のものの2種類があり、紫色のものの方が果皮が厚くやや固く、水分が少ない。

　果実を真横に真っ二つに切ると星形の模様が現れ、「スターアップル」の名はここからきている。果肉は赤もしくは白色で、粘性のある白い乳液が出る。熟すと種衣の部分が半透明の寒天のような状態となり、甘味が強くクリーミーで非常に美味。葉も薬用にされ、ふつうは乾燥させてハーブティーとして用いる。

私はベトナムでは本種をしょっちゅう買い、冷蔵庫にストックしていた。赤紫タイプの方が甘く食べやすく感じた。

シャムジンコウ

Aquilaria crassna | ジンチョウゲ科ジンコウ属

　東南アジア原産とされる常緑高木。ジンコウ属は東南アジアに15種が分布するといわれ、本種は同属のなかでも香りに甘味があり、良質の香木（沈香）がとれる。常温では香らないが、加熱して成分が分解されると匂いが発生する。沈香と伽羅（キャラ）は同じ植物であるが、伽羅は沈香の芯から得られる樹脂分の多い良質な香木である。複数の芳香成分が含まれ、複雑な香りの構造をつくっている。

　ベトナムでは香木の専門店が多く、沈香のお香や加工品はとりわけ人気を集めている。私が訪れたホーチミンにある沈香専門店は、それはそれはものすごくて、店の外からでも沈香の甘い香りが漂っていた。

シャムジンコウの幹。これから沈香の香木をとる（左）。
沈香専門店の店内。香を入れたドラム箱が所せましと山積みに（右）。

タキアン

Hopea odorata ｜ フタバガキ科ホペア属

バングラデシュや東南アジアに自生する樹高30〜45mとなる大高木で、ベトナムのホーチミンでは本種の街路樹が圧倒的な存在感を示している。樹幹は径1mにもなり、暗褐色の樹皮は不規則に裂けている。

ベトナムでは「サオ」と呼ばれるこの木には精霊が宿るとされ、フルーツやお米、線香などの香料がお供えものとしてよく木の幹にくくりつけられている。

タイでも精霊ナーン・タキアンの宿る木であるとする民間信仰があり、同様に祀られている。

木材は造船などに用いられるほか、薬用となるダマール樹脂も得られる。樹脂の竜脳のような独特な芳香はお香（インセンス）としても用いられている。

タキアンの樹脂。お香としても用いられる。

ツルマオの仲間

Pouzolzia spp. | イラクサ科ツルマオ属

アフリカやアジアで広く利用されている多年草。ツルマオ属特有の、葉の表面にく

っきり浮き出る3行脈とシソのような鮮やかな美しい紫色は、ベトナムの薬草市場でもひときわ目を引く。

　葉の色が緑系のものと紫系のものがあるが、ベトナムでは紫色の方が薬効があるとされ、緑色のものは市販されていない。呼吸器系に作用するとされ、長く続いたり痰をともなったりする咳や鼻炎、喉の痛みを鎮めるために、全草を煎じて飲む。また解熱作用もあり、民間薬として古来から親しまれている。

フクロタケ

Volvariella volvacea | ウラベニガサ科フクロタケ属

キノコの一種。幼菌全体が膜のような厚い袋に包まれている様子からこの名がついた。生長すると高さ10cm以上にもなり、キノコが袋を破り出て傘を開く。

　しっかりとした歯ごたえがあり、クセが

なく食べやすいため、ベトナム料理をはじめ東南アジア料理では頻繁に使われる。オイスターソース炒めやスープ、蒸し物などにして食べる。卵形のフクロタケを縦に切ると口が笑っているように見えることから、縁起物としても扱われる。

　世界的にマッシュルーム、シイタケの次に生産量、消費量が多い。日本では稀に缶詰がベトナム食材専門店などで販売されており、私はよくこれを購入し、トムカーガイやトムヤムクンを作って食べる。細かく刻んでハンバーグに加えてもマッシュルームのような香りがして美味しい。

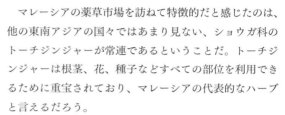

マレーシア
Malaysia

　マレーシアの薬草市場を訪ねて特徴的だと感じたのは、他の東南アジアの国々ではあまり見ない、ショウガ科のトーチジンジャーが常連であるということだ。トーチジンジャーは根茎、花、種子などすべての部位を利用できるために重宝されており、マレーシアの代表的なハーブと言えるだろう。

　また今回は、首都クアラルンプールから車を4時間ほど走らせた、山野の中にも入らせてもらうことができた。そこで野生のニクズクに出会ったときは衝撃を受けた。林縁部に生えるニクズクはピンポン玉のような種子をぶら下げていて、見慣れた乾燥スパイスの姿（メースやナツメグ）とは似ても似つかない。しかし親指の爪で種子を削ると、すぐにナツメグだとわかった。また近くでは野生のイランイランノキの仲間も見つけ、花のスケールの違いに驚いた。

　海外での取材はまず市場に足を運ぶことが多いが、こうして野生の植物を観察できるのは、その土地柄や野草の生き生きとした姿が見られる、貴重な機会である。

イランイランノキ

Cananga odorata ｜ バンレイシ科イランイランノキ属

東南アジア原産の常緑高木で、今や世界中の熱帯域で栽培されている。イランイランノキの利用法と言えば何といっても香料。特に花から抽出される精油は、シャネルの「Ｎ°５」をはじめさまざまな香水やアロマオイルなどに用いられている。

葉の根元から垂れ下がって咲くユリのような花は、最初は緑色だがだんだん黄色く変化し、夜間に強い香りを放つ。香りの主成分はゲルマクレンＤ、酢酸ベンジル、リナロールなどである。

イランイランノキの香りには古来から媚薬作用があるとされ、インドネシアでは、新婚夫婦のベッドに本種の花をまく習慣があるそうだ。また女性のホルモンバランスを調整する作用もあるとされ、近年注目されている。

ハネセンナ

Cassia alata ｜ マメ科センナ属

原産地は熱帯アメリカとされているが、南アジアから東南アジア、南米などに広く分布する常緑低木。東南アジア圏では薬用目的で栽培している地域もある。

湿地を好み、高さは３～４m、葉は８対～20対の羽状複葉。花は鮮やかな黄色で穂状につく。花後にできる莢には発達した翼があり、これが和名（ハネセンナ）の由来となった。

古来から用いられてきた薬草で、特にインドネシア王室の貴婦人達の間で、美容目的や皮膚薬として愛用されてきた。マレーシアでも伝統的に民間療法で用いられ、現在でも葉をすりつぶして湿布にしたものを皮膚炎などに処方する。

ニクズク

Myristica fragrans ｜ ニクズク科ニクズク属

インドネシア・モルッカ諸島原産の常緑高木。ハンバーグなどの肉料理によく用いられるスパイスである「メース」や「ナツメグ」を生み出す木としても有名である。

自生のニクズクは、木に黄色いピンポン玉がひっついているような感じで、遠目には果実だとは思わず、近づいてみてようやくそれとわかった。果実は大きさ約5cmの卵形で、成熟すると果皮が割れて網目のような赤い仮種皮につつまれた種子が出てくる。この仮種皮を乾燥させたものが香辛料のメースである。

メースを取り除き、濃褐色の種子を3か月ほど天日で乾燥させると、種子の中で仁が縮んで離れる。この仁を種子から取り出して、さらに3か月にわたって石灰液に浸した後、乾燥させると香辛料のナツメグとなる。

ニクズクの仁、ナツメグ。

メース。

ランブータン

Nephelium lappaceum ｜ ムクロジ科ランブータン属

　東南アジア原産の常緑高木。マレーシアでも庭木として果実を楽しむためによく栽培されている。「ランブート」はマレー語で「毛」や「髪」を意味し、ランブータンの実の周りに生える特有な毛がその名前の由来だろう。

　果実は球形から長球形で長さ3〜8cm。前述のようにトゲのような毛が生えていて、個性派揃いの東南アジア果物の中でも非常に個性的なフォルムをしている。果実はライチの味わいに似ており、独特な皮を剥くと出てくる白く半透明な果肉を食べる。酸味が少なく、マイルドでジューシーな果汁が口の中に溢れる。

　果実の中には褐色の種皮につつまれた種子が1つ入っていて、そこからとれる豊富なオレイン酸を含む油脂を、食用油や石けんなどに用いる。またランブータンの根、樹皮、葉は薬草としてお茶にしたり、染料としても用いる。

ランブータンの実。少し細長くてトゲの多いライチという感じ。

アメダマノキ

Phyllanthus acidus ｜ コミカンソウ科コミカンソウ属

熱帯アジア原産の常緑低木。樹高3〜6mになる。葉は単葉で互生するが、短枝の左右にきれいに並ぶので羽状複葉のように見える。幹から直接総状花序を出し、雌花の周囲を雄花が取り囲むように、花が数個まとまって開花する。

和名は果実が丸く飴玉のように見えることに由来する。淡い黄緑色の果実は1〜2cmほどで、丸みを帯びた稜が6個あり、ちょうど筋の入ったどんぐり飴のように見える。しかし生で食べると非常に酸味が強く、甘みはかすかに感じる程度である。

マレーシアではこの実を料理の酸味づけに用いる。また、タイでもこの実を発酵させたり、ピクルスのようにして食べたりもする。私自身もこの実をペーストにして、甘味料を加えソースなどにするが、豚肉の甘味ととても相性がよく、いろいろな料理にアレンジして楽しんでいる。

アメダマノキの甘酢漬け。袋入りで市販もされている。

トンカットアリ

Eurycoma longifolia │ ニガキ科ユリコマ属

東南アジアの熱帯雨林に自生する常緑高木。成長は遅めだが、マレーシアでは稀に薬用目的で栽培されている。和名は「ナガエカサ」といい、近年は健康食品などにも用いられている。花は両性花で、小さな赤い花が褐色の毛に覆われた花序に咲き非常に愛らしい。

古来から、マレーシアの先住民によって精力増強薬や媚薬として伝統的に用いられきた。マラリアなどの病気やケガに対する免疫力を上げる治療薬としても重宝されている。

薬用にされるのは葉、幹、根である。樹皮を口の中で転がすと特有の苦みを感じるが、この苦みがグリコサポニンなどの有効成分である。なお、食品に利用されるトンカットアリは、基本的に野生のものが良質とされている。

カチプファティマ

Labisia pumila │ ヤブコウジ科ラビシア属

マレーシアやボルネオの熱帯雨林に生育し、稀に薬用目的で栽培されている常緑低木。マレーシアでは「ハーブの女王」と呼ばれ、女性の美容と健康に効果があるとして、古来から女性たちの間で「女神の薬草」として用いられてきた。特に産前・産後や40代以降の女性に愛用されているそうで、近年は健康食品業界でも注目を集めているようだ。

植物の見た目としてはこれといった特徴がなく、強い印象は受けなかったが、薬用植物としては優秀なのだろう。マレーシア

ではトンカットアリが男性用の薬草で、カチプファティマが女性用の薬草、と言えるだろうか。

クリュウシン

Acanthopanax trifoliatus │ ウコギ科ウコギ属

　マレーシアでは山野に入ればよく自生しており、食用目的で庭木として栽培もされている常緑低木。高さ４mほど、全体にウコギ属特有のトゲがまばらに生えている。葉は３出複葉で互生する。

　クリュウシン（苦粒心）はマレーシアでは擂茶（レイチャ）に欠かせない香草である。擂茶とは中国客家（ハッカ）式のお茶漬けで、ピーナッツなどとともにクリュウシンの葉をペーストにして出汁に加える。クリュウシンのほろ苦さとピーナッツのマイルドな甘味が絶妙にマッチし、非常に美味しい。

　日本でもクリュウシンの仲間であるオカウコギ、ヤマウコギなどの新芽を「木の芽」と呼び、さっと湯がいて香りが立つまで刻み、炊きたての白米に混ぜて春の風物詩として食べる習慣がある。

クリュウシンの葉入りの擂茶。

ガルシニア・アトロビリディス

Garcinia atroviridis ｜ フクギ科フクギ属

マレーシア原産の常緑高木で、マレーシアでは街路樹や庭木としても見かける。マンゴスチンの近縁で、フクギ科特有のオレンジ～ピンク色の上品な花を咲かせる。

しかし、花より鮮やかなのが新芽である。アントシアニンを含む紅色の新芽は遠く離れていてもよく目立ち、薬用にもなる。

またカボチャのような外見で表面の固い果実は熟すと黄色くなり、果汁が非常に酸っぱい。この酸味に着目して、マレーシアでは健康食品やダイエット食品に使用され、近年は脂肪の代謝に効果があるとして世界的にも注目されている。

前述した新芽の赤い部分はドリンクの色づけにも用いられる。新芽を生でかじるとシャキシャキし、レモンのように酸っぱい。こちらも酸味料としてタマリンドの代わりに使われることもある。

カボチャのような果実（左）。
新芽で酸味と色をつけたドリンク（右）。

トカドヘチマ

Luffa acutangula │ ウリ科ヘチマ属

インド原産のつる性植物。東南アジアでは野菜として広く栽培されている。日本でも沖縄で栽培されており、稀に産直売り場で見かける。

ヘチマの近縁で、表面がなめらかなヘチマと違い、10本の稜線（角）があることからこの和名がついた。

ヘチマと同じように観葉植物やスポンジとしても利用されるが、未熟果を野菜として食べることが圧倒的に多い。クセがなく非常に食べやすいため、マレーシアではカレーや炒め物、スープと多くの料理に重宝される便利野菜である。ネパールではアチャール（ピクルス）などにして、ダルバート（定食）に添えてあった。

ハギカタバミ

Oxalis barrelieri │ カタバミ科カタバミ属

中南米原産の多年草。マレーシアでは日本のカタバミ同様そこらじゅうに野生化し、雑草化している。

見た目はハギのように小さな卵形の小葉の3出複葉で、葉の根元から花柄を伸ばし、カタバミに似た1cmほどのピンク色の花を咲かせる。

マレーシアでは稀に薬用にされるようだが、多くはタマリンドやナガバノゴレンシのように、酸味のアクセントを加えるためにスープやソースに入れる。葉を噛むとやはりカタバミ属らしいシュウ酸の渋みと、程よい酸味がある。初めてマレーシアの地方でハギカタバミに出会ったときは、この

上品な愛らしさに感激したが、あまりの個体数のため、最近は特に注目することもなくなってしまった。それくらいマレーシアではポピュラーなのである。

トーチジンジャー

Etlingera elatior | ショウガ科エトリンゲラ属

　インドネシアからマレーシア周辺の熱帯アジアを原産とする、高さ約3〜4mにもなる巨大な多年草。マレーシアでは畑の脇などで栽培されている。葉はショウガ科特有の平行脈がある。地下茎から直接ステッキ状に花茎が伸び、先端に赤い大きな松かさ状の花序がつく。さらにその外側に、十数枚の苞が花弁のように重なり、全体がまさにたいまつ（トーチ）のように非常に目立つ。

　マレーシアを代表する野菜であり薬草でもある。花弁のように見える苞は生のままでも非常に食べやすく、鼻にほのかに抜けるミョウガのような清涼感が食欲をかきたてる。また現地では根茎をすりおろしてナムプラー等と混ぜ、ドレッシングやソースにしたりする。

すりおろしたトーチジンジャーの根茎を加えたソース。

ヤサイコスモス

Cosmos caudatus ｜ キク科コスモス属

　原産地はブラジルで、東南アジアでは畑で野菜として栽培されている一年草。別名「ウラムラジャ」（「サラダの王様」の意）とも呼ばれ、近年は日本でも稀に出回っている。葉は一般的なコスモスに比べ幅が広めで、キバナコスモスに近い。花は非常に小さく、上品で野性的。日本では気候の影響か、なかなか花を咲かせてくれない。

　マレーシアでは葉を魚料理に合わせ、サラダのようにしていただく。北九州名

物のオオバシュンギクのようなほろ苦さが川魚の臭みを消してくれて、非常によい組み合わせである。

葉は他種に比べ比較的幅が広め。

ヤサイコスモスのサラダを添えた魚料理。

フィリピン
Philippines

　本書の執筆のためにスパイスやハーブを求めて行ったアジア弾丸取材の中で、最もデンジャラスな経験をしたのが、フィリピンのセブ島ではないだろうか。空港を出るとすぐに親切なドライバーがお出迎えと思いきや、3時間ほど車に乗せられて怪しい港町に連れていかれ、危うく拉致されかけたのである。だが人間万事塞翁が馬というやつで、その怪しい港町で、もともとリサーチしたかったタカサゴギクなどを発見することができた。ヒヤヒヤしたが、これはこれで良かったなと思ってしまうのは、薬草好きの悲しい性である。

　首都マニラではたくさんの方々にお世話になり、フィリピンの定番料理である、タマリンドのきいたシニガンや、果物や豆をたっぷり載せたかき氷・ハロハロなどをいただいた。市場ではその他の東南アジアの国々に比べ、かなり厳選された種を扱っている様子だったのが印象的であった。

ココヤシ

Cocos nucifera | ヤシ科ココヤシ属

　ポリネシアから熱帯アジアが原産とされる常緑高木。現在では世界中の熱帯地域で栽培されている。東南アジアではかなりの消費量を誇り、ミルクやオイルなど、生活に欠かせないさまざまな用途で大活躍している。ヤシ科植物の中で最も有名で、最も利用価値が高い植物と言っても過言ではないだろう。樹高は大きいものでは約30m、羽状複葉の葉も長さ5mにまで成長する。

　大きな円錐花序で、先端部に雄花、基部に雌花をつける。果実（いわゆるココナッツ）は熟すと30cmほどのラグビーボールのような形になる。

　フィリピンではココヤシの果肉を使用した「ブコパイ」の専門店が数多くあり、マイルドな甘さがとてつもなく美味かった。また、果実を発酵させた、カルピスのような風味のあるワインも作られている。

ココヤシの実のパイ、「ブコパイ」
（左）。発酵させ色づけされた
ココナッツワイン。（右）

トゲバンレイシ

Annona muricata | バンレイシ科バンレイシ属

　中米～南米北部原産とされ、世界中の熱
帯域で栽培されている常緑小高木。英名の
「サワーソップ」の方が有名かもしれない。
酸味が強い系統と甘みが強い系統が存在し、
後者は種子が少ないとされている。

　フィリピンでは「グヤバノ」と呼ばれ、
現地では一般的な果物である。おもしろい
ことに、東南アジアでは多くのバンレイシ
属を見かけるが、フィリピンではもっぱら
トゲバンレイシである。私もマニラで出会
い、フレッシュジュースを飲んだ。ヨーグ
ルトのような酸味が特徴で、暑いフィリピ
ンではこの爽やかさが癒しになる。果肉は
パンナコッタのように滑らかな食感で、最
後はジュルジュル飲み干してしまった。

果実は今まで食べたことのない食感だった。
（上）。果実は保存がきかず、収穫後すぐ加工
される（下）。

ナガバノゴレンシ

Averrhoa bilimbi ｜ カタバミ科ゴレンシ属

　樹高3〜4ｍほどの常緑低木で、葉は約50cmと名前の通り長く、小葉が20対前後もついた奇数羽状複葉をもつ。花は私好みの濃い赤紫色をしており、非常に美しい。スターフルーツ（ゴレンシ）の近縁種である。

　原産地ははっきりしないが、フィリピンやマレーシアの市場では果実をよく見かける。フィリピンでは「カミアス（kamias）」と呼ばれ、フィリピン料理特有の酸味づけには本種を用いる。現地の人いわく、後味がマイルドな酸味が欲しいときはタマリンドを、後味が爽やかな酸味が欲しいときは本種を用いるとのこと。フレッシュな果実を一かじりすると、レモンのような酸味が凄まじかった。カタバミ科特有のシュウ酸

によるものだろうか。現地では酸味を弱めるために水か塩水に漬けてから料理に使うこともある。

ナガバノゴレンシの花（上）と葉（下）。

スターフルーツ

Averrhoa carambola ｜ カタバミ科ゴレンシ属

　南インドなどの熱帯アジア原産の常緑低木。高さ3～15m、長さ3～8cmの卵型の小葉が4～6対ついた奇数羽状複葉。小さなピンクの花が多数、円筒花序または集散花序につく。和名は「ゴレンシ」といい、東南アジアでは街路樹などにも用いられ、果物としても非常にポピュラーである。名前の通り、果実の断面がきれいな星型で、よくスイーツやサラダなどに用いられる。

　黄緑の未熟な果実はレモンのように酸味が強く、完熟したオレンジ色のものは果汁が多く甘味もあり非常に美味しい。作る料理により、これを使い分ける。

　フィリピンでは未熟果をジャムや砂糖漬けなどに加工することが多い。また葉の成分も美容液などに用いられている。

ヤエヤマアオキ

Morinda citrifolia ｜ アカネ科ヤエヤマアオキ属

　東南アジアからオセアニアにかけて分布する常緑小高木。「ノニ」とも呼ばれ、沖縄では古来から薬用として用いられてきた。

　近年は本種の果汁「ノニ・ジュース」やノニ・エキスを使用した美容液など、健康食品や美容用品としても注目されている。

　フィリピン・セブ島では栽培もされていて、古くから伝わる伝統的な民間薬として、果実を絞ったジュースが万病に効くとされている。一度私も飲んだことがあるが、舌が縮むかのような凄まじい渋さ、苦さがあり、思わず吐き出してしまった。この苦さはアカネ科特有のものと思われるが、これがもしかすると有効成分なのだろうか。

マラン

Artocarpus odoratissimus ｜クワ科パンノキ属

　フィリピン・ボルネオ島やミンダナオ島などに自生し、東南アジアでは稀に栽培もされているの中高木。葉は大きな卵形で、浅い切れ込みがある。枝先に直径15cmほどの黄緑色の実をつける。

　果実は、イソギンチャク風の触手をぎっしりと隙間なく刺したボールのようなインパクトのある見た目だが、触ると柔らかく、じゅうたんのような質感である。どっしりとした重さがあり、およそ1.5kgもある。

　果肉は白く、近縁のパラミツ（ジャックフルーツ）などとは異なり、かなりフルーティーで、皮をむくと甘酸っぱい香りがふわりと漂う。熟したモモのような食感で、味わいは香り同様、マンゴスチンに似ている。これまで食べてきた果物の中でもトップクラスの美味しさであった。

　じつはセブ島の取材では危うく誘拐されかけるなど、さまざまな障害に襲われたのだが、このマランとの出会いと甘い香りがすべてを帳消しにしてくれた。

柔らかく、皮は手でちぎることができる

マンゴー

Mangifera indica | ウルシ科マンゴー属

インドからインドシナ半島が原産とされる常緑高木。樹高は大きいもので40m以上に達する。あまり知られていないが、マンゴーはハゼノキやウルシの仲間で、アレルギーを持っている人は食べるとかぶれることがある。インドでは紀元前から栽培されていたといい、ヒンドゥー教では万物を支配する神・プラジャーパティの化身、仏教でも聖なる木とされている。日本でも盛んに栽培され、沖縄県、宮崎県、鹿児島県、熊本県などで主にハウス栽培されている。また品種も多く、赤く熟すアップルマンゴー、黄色く熟し表面がマットなペリカンマンゴー、それより一回り大きいタイマンゴー、オーストラリアなどでポピュラーなピーチマンゴーなど、500種以上あるという。

東南アジア圏ではマンゴーは幅広い用途で用いられ、果物としてだけでなく、熟す前の果実（上の写真参照）を野菜としても利用する。

フィリピンやタイではペリカンマンゴーをよく買って食べたが、甘過ぎずほどよい酸味があり、日本で主流のアップルマンゴーより私は好きである。

先がやや尖っているペリカンマンゴー。

タカサゴギク

Blumea balsamifera｜キク科ツルハグマ属

台湾、フィリピン、タイ、マレーシアなどに生育する多年草。草丈はキク科の草本のなかではかなり大きく、1〜2.5mほどにもなる。茎の上の方で多く枝分かれし、揉むと特有の湿布臭がする葉がついている。この香りは日本に自生するリュウノウギクに似ていて、芳香成分はボルネオールである。クスノキ精油のスーッとした芳香成分・樟脳（ショウノウ）とも近い。

フィリピンのセブ島では古来から民間薬として重宝され、葉を外用の湿布薬として用いる。近年では栽培種が主流になっており、稀に民家の畑などでも見かける。

この植物との出会いも奇跡的で、怪しい

セブ島のガイドに連れ去られた先で、たまたま遭遇した植物である。あのときは見知らぬ土地での事件に不安で押しつぶされそうだったが、この植物を見た瞬間だけは、状況を忘れて思わず喜んでしまった。

スーッと爽やかな清涼感のある香りのする葉。

ブニノキ

Antidesma bunius｜トウダイグサ科ヤマヒハツ属

　フィリピンをはじめとする東南アジア原産で、スリランカやオーストラリアなどにも自生する常緑高木。別名は「ナンヨウゴミシ（南洋五味子）」で、韓国のチョウセンゴミシに見た目が似ている。英名は「ビグネイ」。

　樹高は5〜30mで、楕円形の葉は分厚く艶があり、しっかりしている。実は直径1cmくらいの球形で、白色から鮮やかな赤紫色に熟する。

　フィリピンでは果実がもっぱら加工され、ジュースやジャムやゼリーなどにして食べられている。私は生の実も食べてみたが、甘味はなく、酸味を強く感じた。しばらく噛んでいるとこの酸味がしだいに心地よくなってきて、クセになる。

フサイワズタ

Caulerpa okamurae｜イワズタ科イワズタ属

　比較的浅い海の岩上に生育する緑藻。春からしだいに大きくなり、夏に成熟する。沖縄でポピュラーな緑藻の海ぶどう（クビレズタ）の近縁で、円柱状の茎と、そこから直立するブドウの房状の枝からなる。海ぶどうより肉厚で、房状のプチプチはイクラのように口の中ではじけ、磯の香りが広がる。

　フィリピンでは基本的にフレッシュサラダにし、レモンを絞ってそのまま食べるケースが多い。また酸味の効いたスープに加え、食感のアクセントを楽しむ。見た目は魚卵のようでちょっとためらってしまうか

もしれないが、さまざまな食材との組み合わせを楽しめる海藻である。

台湾
Taiwan

　台湾は個人的に大好きな国で、本書の取材のみならず、プライベートや仕事等も含めると、もう10回は訪れている。台湾旅行で必ず行くのは台北の龍山寺にある青草巷（あおくさこう）で、私にとって台北ツアーのルーティンである。スベリヒユ、ヨモギ、ドクダミ、タンポポ、ツユクサなど日本でも非常に馴染み深い野草たちが、ワイルドに籠などにのせられ並べられていて、あれだのこれだの独り言を呟きながら青草（薬草）たちを観察するのはものすごく楽しい。

　台湾では、日常生活のなかにも薬草が溶け込んでいると感じる。仙草ゼリーやオーギョーチなど、身近な食べ物に薬草を非常にうまく取り入れているし、台北最大の問屋街・迪化街（てきかがい）に行っても、乾燥した生薬がずらりと並んでいる。台北だけでも幅広い薬草たちをリサーチすることができた。

　いつ行っても優しく迎え入れてくれる懐の深い安心感が台湾の魅力だと思う。ハッカクの香りを嗅ぐと、台湾での幸せだった時間にいつでもタイムトリップできる。

シダレツユクサ

Callisia fragrans ｜ ツユクサ科カリシア属

メキシコ原産の多年草で各地で帰化している。台北の薬草通りの青草巷（あおくさこう）ではツユクサ類をよく見かける。また台湾ではプランターやベランダなどでも栽培されている。

　草丈は1m以上も伸び、基部から匍匐枝を出す。葉は披針形で、茎に互生してつき、ロゼット状になる。茎頂からのびる節のある花梗が和名の通りしなだれている。節ごとに小さな集散花序がつき、ほんのり芳香のある小さな白い花を咲かせる。

　全草を乾燥させ、煎じたお茶を内服する。日本のツユクサと同じくクセはなく、どことなく緑茶っぽい感じがして飲みやすい。

オカワカメ

Anredera cordifolia ｜ ツルムラサキ科アカザカズラ属

　熱帯アメリカ、東南アジアに分布し、栽培もされているつる性多年草。標準和名は「アカザカズラ」だが、流通名の「オカワカメ」の方が親しみがあるのではないだろうか。

　また「雲南百薬」とも呼ばれ、葉酸、ミネラル、ビタミンAなどさまざまな栄養素を多く含み、沖縄では薬草として古来から親しまれてきた。近年ではアンチエイジング食材としても再び注目されている。

　つるは3m以上伸び、光沢のある厚い葉をつける。葉の根元にはムカゴもでき、葉と同じくムカゴも茎も食べられる。ツルムラサキの近縁で、刻むとネバネバするのが

特徴。

　台湾の居酒屋では前菜としてして人気で、ごま油とニンニクで香りをつけた、あっさりとした炒め物「麻油川七」として親しまれている。

タイワンガガブタ

Nymphoides hydrophyllum | ミツガシワ科アサザ属

インドから東南アジア、中国にかけての用水路などに生息する多年草。台湾では溜め池などで栽培されている。スイレン科のスイレンと混同されやすいが、本種はミツガシワ科である。地下茎から長さ10〜30cmになる長い葉柄を伸ばし、ハート形の葉を水面に浮かべる。花はおもに白色で、浅く5裂した花を2〜10輪咲かせる。

台湾では「龍骨瓣莕菜」や「睡菜」と呼ばれる。スーパーの野菜コーナーでよく見かける、ライトグリーンで細い紐状の植物の束は、本種の葉柄にあたる。水草は全般的にアクが非常に強いのであるが、本種はアク抜きなしでも非常に食べやすく、無味無臭で、歯ごたえのある水菜のような感じである。台湾ではさまざまな料理に使用されるが、私はしゃぶしゃぶでいただくのが一番好きである。

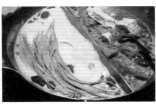

野菜コーナーで売られている葉柄（左）。タイワンガガブタのしゃぶしゃぶ（右）。

チューベローズ

Polianthes tuberosa ｜ キジカクシ科ゲッカコウ属

メキシコ原産の多年草で、ハワイや熱帯アジアなどで栽培されている。台湾や中国では「月下香（ゲッカコウ）」や「晩香玉（バンコウギョク）」とも呼ばれる。

春に鱗茎から発芽し、披針形の葉が茎を抱くように生える。約1mまで成長し、夏になるとたくさんのラッパ状の白い花が穂状につき、下から順に咲いていく。一重と八重咲きがあるが、一重咲きの方が香りが強く、香水などの香料に用いるケースが多い。

チューベローズというと華やかな芳香の白い花というイメージが強いが、台湾では野菜として栽培され、花が咲く前の柔らかい花茎が市場に出荷される。炒め物にするのが一般的である。

アスパラガスのような感じで、日本の植物でいうとアマドコロやシオデに近いかもしれない。クセがないので、さまざまな料理にアレンジできる。

真っ白なチューベローズの花。濃いピンク色はラン。

ナズナ

Capsella bursa-pastoris │ アブラナ科ナズナ属

北半球に広く分布し、日本でも北海道から九州まで広く分布する越年草。

根生葉は不規則に羽状に深く裂け、地面に張りつき、ロゼットと呼ばれる放射状の形に広がる。

日本では晩秋から春にかけて楽しめる、おなじみの野草の一つ。その美味しさから、ナズナさえ加えれば春の七草は成立するとまで言われるほどである。

私もナズナは大好きで、田畑でよく若いナズナを摘んでサラダ、スープ、炒め物などに使用する。特有の旨味が出汁のように染み出てきてとても美味しい。台湾では「薺菜」と呼び、水餃子や小籠包にも入っている。日本以上にふんだんに使用し、夜市では若ゴボウのようなナズナの匂いがプンプン香る。

ハトムギ

Coix lacryma-jobi var. *ma-yuen* │ イネ科ジュズダマ属

中国からベトナムにかけての熱帯アジア原産とされる一年草。日本でも古くから栽培されている。ジュズダマの栽培品種であるが、ハトムギのデンプンはアミロペクチンを含む糯（もち）性で、ジュズダマはアミロースを含む粳（うるち）性なのが大きな違い。野生種のジュズダマよりも全体的に柔らかく、葉や茎も淡い黄緑色をしている印象。果実が非常に固いジュズダマとは異なり、ハトムギはもろくて爪で割ることができる。

台湾では薬膳スープに欠かせない食材の一つで、とくに四神湯にはブクリョウ、サ

ンヤクなどとともに本種の種子を必ず加える。皮を除いた種子は生薬として「薏苡仁（よくいにん）」と呼ばれ、美肌、美容漢方には欠かせない。消炎や体の水分バランスを整える作用のほか、肌あれや、特にイボに効果的とされる。

ハヤトウリ

Sicyos edulis ｜ウリ科ハヤトウリ属

中米原産のつる性の多年草。20世紀初頭に鹿児島に移入されたことから、薩摩隼人にちなんでこの和名がついた。1株で100〜200個ものウリが採集できることから、「千成（せんなり）」という異名もある。私も一度栽培したことがあるが、凄まじい繁殖力で、半年後にはそれを駆除せねばならなくなったほどだ。

東南アジアの八百屋ではよく、謎のつるの先端を見かける。そのつるの中でも最もポピュラーなものが本種ではないだろうか。

台北のレストランや屋台などでは、つるの先端を前菜やスープなどに使う。歯ごた

えがあり淡白な味で、いくらでも食べられる。日本では果実を漬け物にすることが多いが、「まさかソコを食べるの？」と最初は驚いたものである。

ハヤトウリの果実。

ホンカンゾウ

Hemerocallis fulva ｜ ワスレグサ科ワスレグサ属

中国原産で、台湾では畑で栽培されている多年草。草丈は1mになり、広線形の葉が根元から生える。夏には赤橙色の花を咲かせ、特に群落で咲く様子は見事で、観光地になるほどである。

台北の乾物漢方市場に行くと、オレンジ色のユリのようなつぼみがかごにドサッと入れられているが、これが本種のつぼみで、薬膳食材として有名な「金針菜（キンシンサイ）」である。台湾料理では、金針菜をスープや炒め物などに用いる。歯ごたえがあり、味にクセはなくほんのり甘い。これを食べるとあまりの美味しさに心配ごとを忘れられるとして、漢名では「忘憂草（ボウユウソウ）」ともいう。

生薬としては、体の熱を冷まし、水分の代謝を改善するとされる。また、鉄分も豊富に含み血の巡りをよくするので、女性の貧血や月経痛などによいとされている。ちなみに、日本でよく見られるヤブカンゾウは本種の変種にあたる。

つぼみが乾物として売られている状態（左）。ホンカンゾウのスープ（右）。

シャリンニガウリ

Solanum aethiopicum │ ナス科ナス属

南米原産の常緑または落葉低木。日本ではもっぱら花材として「ソラナムパンプキン」「花ナス」「ヒラナス」として親しまれている。

茎や葉にトゲがある。果実は橙色の小さなカボチャ型になり、ビジュアルが非常に愛らしいため、ハロウィーンのときは特に本種が花屋に出回っている。

日本ではもっぱら観賞用なので、烏来（ウーライ）での取材で食材になることを知ったときには非常に驚いた。カットしてサラダなどにしていたが、まさかこれを食べるとは。生で食べるとほんのり苦いが案外クセになる味。

ファルスカルダモン

Alpinia mutica │ ショウガ科ハナミョウガ属

インドから東南アジアにかけて分布し、ハワイ、フィジー、トリニダード・トバゴ、台湾などでは移入栽培されている多年草。ゲットウとアオノクマタケランの中間のような見た目をしている。花は白色で、濃い黄色の唇弁に暗い赤色の線と斑点がある。丸い果実は黄緑色から濃いオレンジ色へと変化していく。

葉をつぶすとシナモンや柑橘類に似たスパイシーな香りが漂い、味も近縁のゲットウなどに比べ甘味は少なく、香ばしい。全草を乾燥させずにフレッシュなハーブティーでいただいても本種の魅力を存分に堪

能できる。またお酒との相性もよく、赤ワインに漬け込むと、ショウズク（カルダモン）とシナモンを加えたかのような香りのよいサングリアになる。

シマオオタニワタリ

Asplenium nidus │ チャセンシダ科チャセンシダ属

　日本、台湾および中国原産の常緑性シダ植物。八重山諸島では近縁のオオタニワタリを古くから山菜としてチャンプルやお浸しなどにして食べられてきた。葉は長さ1m以上にもなり、葉の裏側の側脈に沿って胞子嚢群が並ぶ。近縁のオオタニワタリは主軸から縁まで幅広く胞子嚢がつくが、本種は主軸から縁の間の半分ほどまでしかつかない点で区別できる。

　食用シダ植物の中でもオオタニワタリと本種はアクも少なく、下処理も楽で非常に美味しい部類だと思う。

　台湾では「山蘇（サンスー）」と呼ばれ、炒め物にするのが一般的である。若葉の柔らかいところだけを丁寧に摘み、コゴミ（クサソテツ）のようにさっと湯がいて下処理して食べる。クセがなく、歯ごたえもあり人気の山菜である。

シマオオタニワタリの炒め物。

植わっている状態。

ジンジャーリリー

Hedychium coronarium │ ショウガ科シュクシャ属

　熱帯アジア原産で台湾ではよく栽培され
ている多年草。和名は「ハナシュクシャ」。
鮮やかな花を咲かせる近縁種も多く、キバ
ナシュクシャ、ベニバナシュクシャなどが
ある。また生薬としては「縮砂（しゅくし
ゃ）」と呼ばれ、果実を芳香健胃薬として用
いる。

　日本には江戸時代・安政年間（19世紀半
ば）に渡来したとされていて、郊外では田
畑の脇でよく本種を見かける。だが利用法
についてはあまり知られていないようで、
私がネイチャーガイドの際に「香りがよく
て美味しいですよ」と説明すると驚かれる。

　台湾ではお洒落なカフェなどに行くと本
種の花をサングリアに加えたり、ハーバル
ウォーターに加えてウェルカムドリンクと
しておもてなししてくれる。また、日本に
おけるゲットウ同様、餅やチマキなど、さ
まざまな食べ物に利用されるのだが、日本
では園芸種としての利用が多く、まず食用
にはされない。

ジンジャーリリーのハーバルウォーター。

タイワンヌルデ

Rhus chinensis var. *roxburghii* ｜ ウルシ科ヌルデ属

　台湾、中国、ヒマラヤからインドネシアにかけて分布する落葉樹。奇数羽状複葉を持つ。日本に分布するヌルデの近縁。ヌルデは別名「シオノキ」と呼ばれており、本種も果実に塩分（リンゴ酸カルシウム）を含むため、台湾の原住民族の間では塩の代用として用いられ、赤く熟した果実をていねいに摘みとるという。両方の果実を食べ比べてみると、タイワンヌルデの方は、赤シソのふりかけのような酸味を感じた。

　一般的に市販されている「スマック」「シチリアヌルデ」と呼ばれる種（*Rhus coriaria*）も本種と同属で、果実を乾燥させ粉状にしたものが中東料理で香辛料として使用されている。

いずれもイワンヌルデの果実を
乾燥させた香辛料。

タイワンビワ

Eriobotrya deflexa ｜ バラ科ビワ属

中国、台湾、ベトナム原産の常緑高木。渓谷沿いの広葉樹林などに生える。高さ10mを越えることもあり、外見は日本のビワと非常に似ているが、近くで見ると葉のてかりの強さですぐに別種だと分かる。

　10〜20cmの葉は無毛で表面に光沢がある。5〜6月に咲く花は杏仁のような芳香がある。

　台湾では食用のために栽培されており、味わいも日本のビワに似ている。しいて言えばビワよりやや酸味があり、野性味を強く感じる。お酒に漬けたり、ペースト状に加工して食べたりする。

タイワンヤブニッケイ

Cinnamomum insularimontanum ｜ クスノキ科ニッケイ属

　台湾原産の常緑樹。ヤブニッケイのシノニム（同一種の別名）とされることがある。

　葉はほぼ対生で、縁が波打っていることが多い。葉の色は深緑色で、表面には艶が強く、はっきりとした3本の葉脈がある。ヤブニッケイ同様、2本の側脈は途中で消える。

　形質も日本のヤブニッケイにとてもよく似ているが、ヤブニッケイには月桂樹系の芳香があるのに比べ、本種はもっとシナモン系の香りがする。煎じてお茶にしていただくと華やかな香りを楽しめる。

ベニクスノキ

Camphora kanahirae │ クスノキ科ニッケイ属

台湾固有種の常緑高木。台湾では「牛樟（カシ）」と呼ばれ、台湾だけに生息する五大広葉樹の一つとされている。標高と湿度が高く、霧の多い森林に生息し、樹齢は 1,000 年以上と長い。

近年では大規模な乱獲に遭い、絶滅の危機に瀕している。

日本で見るクスノキに比べ、葉がより艶やかで香りも強い。根は芳香が特に強く、「牛樟油」というエッセンシャルオイルがとれる。また、本種につくキノコは「牛樟芝（ギュウショウシ）」と呼ばれ、台湾では古来から、疲労緩和や解毒、消炎などに効く原住民族の常備薬として重宝されてきた。

ピンポンノキ

Sterculia monosperma │ アオギリ科ピンポンノキ属

中国南部原産の常緑小高木。約10〜25cmになる葉は単葉で互生し、種子は煎って栗のようにして食用にする。

ユニークな和名は中国名「蘋婆（ピンポー）」に由来し、台湾では「鳳眼果（ホウゲンカ）」という名前で種子が販売されている。

また、本種の樹脂は「雪燕（セツエン）」という名前で市場で販売されている。雪燕とはカラヤガムのことで、滲出液から得られる天然多糖類である。

台湾では本種の樹脂を杏仁豆腐のシロップに加えたり、豆花やかき氷などに加えたりする。味は特にしないが、ゼリー状なので葛切りのように甘味と非常にマッチする。

ハッカク

Illicium verum ｜ マツブサ科シキミ属

中国南東部からベトナム北東部原産とされ、中国南部やインド南部、インドシナ半島などで広く栽培されている常緑高木。和名は「トウシキミ」「ダイウイキョウ」などといい、日本のデパートのスパイスコーナーには必ずと言っていいほど存在する。

果実は直径3cm程度の集合袋果で、熟すと木質化し、茶色くなる。それぞれの袋果には光沢のある茶色いビーズのような種子が1個ずつ入っている。

私はこの香りを、台湾を象徴する香りの一つだと思っている。空港に降り立った瞬間からかすかに漂って

いて、フードコートでも魯肉飯（ルーローハン）や鶏肉飯（ジーローハン）などから食欲をそそる香りが広がる。

日本にも近縁のシキミがあり、果実の様子も非常に似ているが、シキミは有毒とされ、ハッカクのように摂取するのは御法度である。

ハッカクの花。

ハッカク入りのジーローハン。

マーガオ

Litsea cubeba ｜ クスノキ科ハマビワ属

中国、日本、台湾、東南アジア原産の落葉小高木。果実、葉、枝などにシトラールという成分を含み、柑橘系の非常に爽やかな芳香があるため、エッセンシャルオイルや石鹸の香料などに用いられる。

台湾の原住民族・タイヤル族を象徴する薬草の一つで、彼らは険しい深山に入り、マーガオの実をひとつひとつ丁寧に手摘みする。「マーガオ」は伝統、長寿、繁栄などを意味する言葉で、縁起物として折々の行事に用いられるほか、古来から民間薬としても重宝され、台湾の幻のスパイスとも呼ばれている。

また烏来（ウーライ）では猪肉とマーガオのソーセージが名物で、台湾ビールとともに食べると、マーガオのシトラスフレイバーと非常に相性がいい。

日本では「アオモジ」の名で庭木や花材とするが、突き抜けるような爽やかな香りはない。台湾独特の自然環境があの芳香を育てたのだろうか。

猪肉とマーガオのソーセージ（左）と、瓶詰めで保管されている実（右）。

チャンチン

Toona sinensis ｜ センダン科チャンチン属

　中国原産の落葉高木。外見は、日本に生えるニワウルシに似ている。葉は多くの小葉からなる羽状複葉で、若芽は赤みがかっている。夏になると枝の先から白く小さな花が房状に集まって咲く。

　福岡市・天神の街路樹にもチャンチンの園芸品種・フラミンゴが植栽されており、樹形だけでもそれとわかる。

　葉を優しく擦るだけでガーリックバターのような、アリウム系と脂っぽさを合わせた芳香が漂い、食欲をそそる。台湾では本種の葉をジェノベーゼのようにペースト状にして、調味料のような感覚で用いる。バゲットなどにつけて食べると、止められない、止まらない。私が最初に本種を食べたのは台北のレストランで、台湾素麺の上に載っていた。食べた瞬間、香ばしい香りが口の中いっぱいに広がり、すぐにチャンチンだとわかった。

チャンチンのペーストがのった台湾素麺。

キマメ

Cajanus cajan ｜ マメ科キマメ属

アジア、アフリカ、中南米で数千年前から栽培されているマメ科の樹木。熱帯性でとても乾燥に強い。樹高3〜4mほどで、台湾の薬草市場でもよくプランターで栽培されているものを見かける。葉は細長い披針形の小葉が3枚ついており、約5mmの小さな豆（種子）が入った4〜10cmほどの莢がなる。日本に自生するミソナオシに非常に似ている。

豆はタンパク質に富み、食用とされるほか、高い窒素固定能力を持つので緑肥としても利用される。また葉や茎も薬として用いる地域がある。

豆はクセが少なくまろやかな味わいで、台湾でもスープにするのが一般的。日本統治時代に伝わった植物だが、現在は原住民族の集落でもよく見られるという。インドでは「ツールダール」と呼ばれ、スープカレーなどダルバート（定食）の材料として重宝される。

乾燥させた豆。

119

インカナッツ

Plukenetia volubilis ｜ トウダイグサ科プクケネチア属

熱帯南米を原産とする常緑つる性植物。近年では台湾でも栽培され、市場で稀に出回っている。原産地であるペルー・アマゾン流域の熱帯雨林では、先住の人々によって古くから薬用目的で栽培されてきた。

草丈は2m以上にもなり、長さ10cmほどの幅広で愛らしいハート型の葉をつける。アスタリスク形の果実は熟すと徐々に茶色く変化し、それぞれの膨らみに約2cmのレンズ状の種子が入っている。

種子をナッツやオイル、パウダーなどにして食用にする。種子にはオメガ3脂肪酸のα-リノレン酸が豊富に含まれており、アンチエイジング効果があるとしてサプリメントや化粧品にもしばしば用いられている。

台湾では烏来（ウーライ）のレストランで、炒め物やスープに種子が入っているのを見かけた。

センソウ

Platostoma palustre ｜ シソ科センソウ属

中国原産で、台湾では古くから栽培されている一年草。縁が鋸歯状で先の尖った卵形の葉や茎を乾燥させて利用する。特に台湾の桃園周辺にはセンソウ（仙草）の生産者が多く、北海道・北見の和ハッカのように、多くの品種があることを教えてくれた。

台湾ではセンソウの葉と茎を煎じて、粘りのあるペクチンを抽出し、仙草ゼリーを作って食べる習慣がある。茶色く濁った仙草ゼリーはのど飴のような芳香があり、私はこれを豆花（トウファ）の上にかけて食べるのが大好きである。

センソウの煎じ液は夏バテや喉の渇きに

効果があるという。また数年熟成させた「老仙草」は香りがよく味がまろやかになるため価値があり、台湾の薬草市場では若いものより少し高い値段で販売されている。

アテモヤ

Annona × atemoya | バンレイシ科バンレイシ属

樹高3〜10mになる半落葉性の樹木。多数の果実がくっついた大きな集合果になり、表面は緑色でたくさんの突起がある。割ると黒く細長い種子を含む真っ白で柔らかな果肉が現れる。

台湾の果物市場ではたいていシャカトウと一緒に並べられており、見た目がよく似ているので取り違われることがある。それもそのはず、アテモヤはシャカトウとチェリモヤを掛け合わせて作られた交雑品種で、台湾では「鳳梨釋迦」（パイナップルとシャカトウの意）と呼ばれる。

また、果肉はねっとりとして、とても甘いため『森のアイスクリーム』とも呼ばれる。凍らせて食べるとまさにアイスクリームさながらである。私も台湾の夜市でカットされたアテモヤがあれば必ず購入し、食べ歩くのが好きだ。カルピスにカスタードクリームを加えたような甘さと酸味が非常に美味しい。

カットされて売られているアテモヤ。

アテモヤ（左）とシャカトウ（右）。

パパイア

Carica papaya ｜パパイア科パパイア属

メキシコ南部から西インド諸島を原産とする常緑の多年草。近年では世界中で栽培されており、東南アジアでもおなじみの果物。日本でも本種を育てる農家が増え、熟す前の青パパイアが野菜として出荷されている。また沖縄では栽培していたものが野生化し、道端でもよく見かける。

熟すと黄色く、クリーミーな柔らかい果肉になる。果実の中央にある粒々の黒い種子を取り除いて食べる。アボカドのように油っぽさが強く、さらに甘みも強くて独特のクセがある。これにレモン汁をかけて食べるのが私は好きだ。

台湾ではパパイアを「木瓜（モクカ）」と呼び、牛乳と果肉をミキサーで混ぜた「パパイア牛乳」が名物で、お風呂上がりに飲むフルーツ牛乳のような味わいで美味しい。

世界的には野菜として青パパイアを使う方が多いかもしれない。青パパイアを千切りにして辛味のきいたドレッシングであえたサラダ・ソムタムはタイの代表的な料理の一つである。そのほか、天ぷら、炒め物、漬け物などさまざまに調理される。

タイの青パパイア（左）。
台湾のパパイア（右）。

オウゴンカ

Pouteria caimito │ アカテツ科オオミアカテツ属

南米の湿潤な地域を原産とする常緑高木。高さは10〜35mにもなる。葉は楕円形で葉柄が長い。果実の表面は満月のように黄色く、艶がある。果肉は半透明の白色でゼリーのようにプルプルしている。英名は「アビウ」、日本でも「黄金果」の表記で稀に見かけることがあるレア果物である。

私は台湾のフルーツ市場で本種と出会い、すぐさま購入しホテルで切って食べたが、日本にはない味わいの果物である。前述したようにゼリーのような食感で、ほのかにモモのような甘味を感じる。

アカテツ科の果物は基本的にハズレがないと私は思っている。この図鑑に登場するスターアップルやチウリなどもそうだが、えぐみがなく、しっかり甘味のあるものばかりである。

オウゴンカの果実の断面。

アイギョクシ

Ficus pumila var. *awkeotsang* ｜ クワ科イチジク属

台湾に分布するつる性植物。栽培もされているが、山採りのものが一級品とされている。日本にも自生するオオイタビの変種で、外見だけでは正直判別は難しい。ほかのイチジク類と同様、花嚢と呼ばれる袋の中に花をつける。受粉すると、花嚢内にゴマのような微細な果実ができて果嚢となる。

台湾では本種の果実から「愛玉子（オーギョーチ）」というゼリーがつくられる。ペクチンを豊富に含むため、乾燥させた果実を水と一緒に袋に入れて数分揉み、その後しばらく常温で放置しておくだけでゼリーができる。

私が初めて台湾を訪れたとき、飲食店でさんざん台湾料理を堪能した後に、夜市で何やら巨大なゼリー状の塊が入った大鍋を見かけて足を止めた。店主はゼリーの塊をワイルドにカットし、カップに入れて食べさせてくれた。「これが噂に聞くオーギョーチか」と胸を弾ませ口に運ぶと、ほんのり甘く、レモンのような酸味が心地よかった。台湾ではガッツリ飲んで食べた後、〆のデザートとしてこれをテイクアウトするのが定番らしい。

乾物のアイギョクシの果実（左）と、ゼリー（右）。

アッケシソウ

Salicornia europaea ｜ ヒユ科アッケシソウ属

寒帯地域に広く分布する一年草。海水と淡水が入り混じる汽水湖や塩性湿地に生育する。濃い緑色で節の多い茎が10〜35cmほどまで伸びる。節ごとに枝が対生し、その根元に鱗片のような葉がつく。秋になると茎は赤紫色へ変化する。

台湾では「海蘆筍」と呼び、山菜のような感覚で市場に出回る。炒め物やサラダなど、塩味と多肉質の食感を活かした調理法が一般的で、輸入品だがかなり定着しているようだった。

日本でも北海道などに自生しているが、環境省のレッドリストにおいて絶滅危惧II

類に指定されている。そのため台湾・烏来（ウーライ）の市場で食材として見つけたときは少し複雑な気持ちであった。しかし、別名「シーアスパラガス」と呼ばれるだけあって、まさに塩味のアスパラガスのような感じで、あまりの美味しさに驚いた。

オカムラキリンサイ

Eucheuma cottonii ｜ ミリン科キリンサイ属

沖縄県から台湾にかけて生育する熱帯性海藻で、台湾では食用として親しまれている。

台湾の乾物市場では貝柱、乾燥ナマコ、燕の巣、クラゲなどとともに必ずといってもいいほどよく見かける海藻。台湾では「珊瑚草（サンゴソウ）」として流通しているが、アッケシソウの別名も「珊瑚草」であるため、ネット上などではしばしば混同されている。

味わいは日本に自生する紅藻のミリンに似ており、ところてんのようなゼリー質で、クセはなく、中華食材のクラゲのような印象を受けた。台湾ではスイーツ、炒め物、スープなどさまざまな料理に用いる。

シロキクラゲ

Tremella fuciformis ｜ シロキクラゲ科シロキクラゲ属

　主に薬膳食材として、日本でも市場に出回り、ポピュラーな食材になっているキノコ。クロコブタケ（シイタケの害菌）に寄生する菌で、春から秋にかけて、シイ・カシ林あるいは雑木林の広葉樹の倒木や枯れ枝に発生する。白い半透明のビラビラした形をしており、ゼリー質で、キクラゲに比べて非常に繊細で柔らかい。

　台湾の生薬・漢方市場通りである迪化街（てきかがい）では、数ある生薬の中でも特によく見かけ、さまざまな薬膳料理やスイーツになくてはならない存在である。台湾では古来から不老長寿の薬としても珍重され、中医学では津液（人体内の水分の総称）を補う作用があるとされている。

　一般的なキクラゲやアラゲキクラゲに比べてクセがなく、料理の味を邪魔しない。スープなどに加えると、味がしみて美味である。

シロキクラゲのスープ。

ヤマブシタケ

Hericium erinaceus ｜ サンゴハリタケ科サンゴハリタケ属

　食用キノコ。和名「ヤマブシタケ」の由来は、この特有のモコモコした外見が、山伏の装束の胸の部分についている房飾り（梵天）に似ていることに由来するという。

　台湾では迪化街（てきかがい）の乾物コーナーに袋詰めで売られており、一見シロキクラゲと似ているが、近づいてよく見てみると、ヤマブシタケは表面がスポンジ状なので識別できる。

　台湾ではナツメ、クコ、トウキ等とともに薬膳スープにして食べることが多いが、個人的にはニンニク、ショウガ、しょうゆ、鶏がらスープの素などで味つけし、唐揚げにして食べるのが大好きである。食感が鶏のむね肉のようにむちむちしており、非常に弾力があって美味しい。また、出汁や調味料がよくしみるので、噛めば噛むほど味が出る。

ヤマブシタケの薬膳スープ。

韓国

Korea

　韓国の薬草市場といえばソウル薬令市場（ヤンニョンシジャン）ではないだろうか。薬令市場は韓国最大の生薬や薬膳食材の市場である。1960年代、韓国各地の生薬の商人たちが清涼里（チョンニャンニ）駅を経由して集まり、自然発生した市場で、周辺には約800を超える韓方薬の関連店舗が並び、韓国の生薬の70%はこの市場から取引されるといわれている。

　江南（カンナム）からタクシーで薬令市場に向かっていると、漢方系のふつふつとしたにおいが漂ってきて、市場が近づいてきたのがすぐにわかった。到着すると、チョウセンニンジン、ツルニンジン、キキョウの根などがわんさかと積み上げられている光景に、噂には聞いていたがとてつもないエネルギーを感じ、圧倒された。

　お店の方もそれぞれの薬草に非常に詳しく、そのうえとても親切だった。どの店の人も、喉が乾いている私を見て、チョウセンゴミシの甘酸っぱいドリンクをご馳走してくれた。王道の薬草から珍しい一品まで、とても一日では足りないぐらい、膨大な情報に溢れている場所だった。

イヌヤクシソウ

Crepidiastrum sonchifolium ｜ キク科アゼトウナ属

朝鮮、中国、モンゴル、ロシア原産の一〜二年草。和名は病気や災難を除くとされる薬師如来に由来する。高さ20cm〜1mで、茎の上方で枝分かれし、タンポポに似た葉をつける。秋には頭上花序の黄色い花が咲く。また、まっすぐに伸びる根には繊維状の側根が多い。

日本にも非常によく似た近縁のヤクシソウが自生する。韓国ではイヌヤクシソウを「コドゥルペギ」とよび、タンポポコーヒーのように根をローストしてお茶にしたり、ほんのり苦味がクセになるキムチにして食べることが多い。

全草がかなり苦く食用は不向きかと私は思ったが、これをキムチにする発想は流石である。しかも辛みと合わさることでこの苦さが非常に活きてくる。

イヌヤクシソウのキムチ。苦味と辛味の組み合わせがクセになる。

コウライアザミ

Cirsium setidens ｜ キク科アザミ属

　朝鮮半島で広く栽培されている多年草。高さ1m程度で、長細い卵形の葉は表側に毛が生えている。7〜10月ごろ、細長い管が集まったような形状の薄紫色の頭花を咲かせる。

　韓国では「コンドレ」と呼ばれ、韓国北東部・江原道（カンウォンド）の特産物。江原道でのみ栽培収穫されるご当地薬草で、コンドレご飯専門店もあるほど人気である。基本的に柔らかい葉が食用になり、一度乾燥させたものを使用した方が味と香りがよいとされている。これを水で戻して、ナムル、ピビンパ、チャーハン、キムチなどに用いる。日本でもアザミ属を食べる文化はあり、

モリアザミやシマアザミは根茎を、サワアザミ等は葉と茎を佃煮で食べる。

　コウライアザミに含まれるシリマリンは肝臓と胆嚢によいとされ、薬用としても重宝されている。また葉と茎にはタンパク質、炭水化物、脂肪、ミネラル、ビタミンなど多くの栄養が含まれており、成人病予防にも有効とされている。

コウライアザミ（コンドレ）のビビンパ。

コウライアザミの葉。

サジャバルヨモギ

Artemisia princeps │ キク科ヨモギ属

　北朝鮮との国境にほど近い江華島（カンファド）で古来から栽培されている薬用に特化したヨモギ。水はけのよい地域で海風と海霧を受けて育つとされ、江華島ならではの環境に適したヨモギと言えるのかもしれない。

　日本でもおなじみのカズザキヨモギに比べて葉の切れ込みが少なく、全体的にのっぺりしてシュンギクのような見た目である。また葉の基部にある仮托葉がないのが本種の特徴。葉の香りは、カズザキヨモギよりもツーンとした突き抜ける芳香が強い。

　加工方法は特殊で、束にし

て乾燥させ、長期熟成させると揮発性の有毒成分が抜け、よい成分が残るとされる。そのため韓国で人気の高い江華島産ヨモギは、熟成期間が長くなるほど高額で取引されている。

　体を温め、炎症を抑える効果があり、韓国では一般的なヨモギ蒸し（蒸気風呂）は今や日本でもブームになっている。

サジャバルヨモギの束を吊り下げて乾燥させ、熟成させている様子。

サジャバルヨモギの葉。

シラヤマギク

Aster scaber | キク科シオン属

　日本、朝鮮、中国に分布する多年草。茎は細く、上方で枝分かれする。茎や葉には短かい毛が生えている。特徴的な根生葉は幅広で先の尖ったハート形をしており、鋸歯がある。頭花は直径2cmほどで、舌状花は白く、筒状花の直径に比べて長めで、不規則な間隔でつく。

　韓国では非常に親しまれている野草で、市場では干したもの、下茹でしたものなどが置いてある。韓国名は「チュイナムル」で、味と香りがすぐれているため「山菜の王」と呼ばれている。韓国では茹でてナムル（和え物）にして食べることが多い。

　私は乾燥したものを湯で戻した葉でお餅を包み、蒸して食べるのがお気に入りである。

　ちなみに日本ではシラヤマギクを食べる習慣はなく、代わりに近縁のヨメナが古来から美味しい野草として親しまれてきた。

シラヤマギクの花。

サンチュ

Lactuca sativa ｜ キク科アキノノゲシ属

地中海沿岸、西アジア原産の一～二年草で、韓国では野菜として広く栽培されている。楕円形で皺の多い葉を、成長にともなって順次摘んで食べていく。レタスの一種だが結球しないタイプで、食感はレタスより柔らかい。

別名「ツツミナ（包み菜）」ともいい、サムギョプサル（焼肉）には欠かせない葉菜である。

サンチュの歴史は古く、朝鮮半島では三国時代（4～6世紀頃）から一般的に食べられていたとされる。日本でも平安時代には移入され、「カキヂシャ」などの名で親しまれていた。一時は結球性のレタスに人気を奪われていたが、近年の韓国料理ブームで再び市場に返り咲いた。

エゴマ

Perilla frutescens var. *frutescens* ｜ シソ科シソ属

東南アジア原産とされ、日本でも本州から九州にかけて自然分布している。種子からエゴマ油をとるために古くから栽培されていたが、それが野生化したものも多い。葉はシソに似るが、葉脈がシャキッとしていて波打たない。また、葉を揉むとエゴマ特有の芳香がある。

韓国ではサムギョプサルの包み葉や醤油漬けなど、サンチェ同様になくてはならない香草の一つである。

私が好きなのは、醤油や酢で和えたエゴマの葉漬けである。エゴマの葉のキムチも絶品で、自宅でもよく仕込んでいる。また、

北朝鮮では、米粉とエゴマの葉で作った餅が有名だという。

ワラビ

Pteridium aquilinum ｜ コバノイシカグマ科ワラビ属

世界の温帯から熱帯にかけて広く分布し、韓国ではナムルにはなくてはならない食材。日本でも山菜そば、煮付け、辛子醤油和えなどにして食べる。わらび餅も古くはこのワラビの根茎からとれるデンプンをワラビ粉として利用していた。

春に根茎から顔を出す新芽は先が握りこぶしのように曲がった形で、いわゆる山菜のワラビといえばこの形を想起する人が多いのではないだろうか。このこぶし部分が開き、シダ植物特有の羽状複葉になる。小葉はやや厚い革質で硬く、裂片の先が丸い長楕円形なのがワラビの特徴である。成長すると葉裏の縁に胞子嚢がつく。

韓国の市場では、下処理し乾燥したものが乾物コーナーにおいてある。ワラビのナムル（コサリナムル）は韓国の代表的なナムルで、やみつきになるほど美味しい。

ツルマンネングサ

Sedum sarmentosum ｜ ベンケイソウ科マンネングサ属

中国、朝鮮半島原産で、日本にも帰化植物として定着している多年草。高さ10〜20cmになり、多肉質の葉が1つの節に3つずつつく。初夏に黄色い星のような形の花を多数咲かせる。

中国では「垂盆草（スイボンソウ）」と呼ばれ、野菜のように食べたり、薬草として煎じた液を内服する。生薬としては「石指甲（せきしこう）」の名で中国漢方の集大成『本草綱目』にも記載されている。本種に含まれるサルメントシンには肝機能の向上などに効果があるといわれ、近年薬用として再注目されている。

韓国では「ドンナムル」と呼ばれ、春先の山菜として市場ではよく見かける。ナムル（和え物）にするのが一般的で、さっぱりとした味わいと多肉植物ならではのみずみずしい食感がクセになる。

ツルニンジン

Codonopsis lanceolata｜キキョウ科ツルニンジン属

　日本、朝鮮、中国東北部、アムール地方に分布するつる性の多年草。2〜3mほどつるを伸ばし、葉は薄く裏面が白っぽい。葉をちぎるとごま油のような独特の香りがする。この匂いを覚えておくと、山歩きの際に揮発したごま油臭がしただけで、どこにツルニンジンが生えているかわかってしまう。

　夏から秋にかけて、側枝の先に4〜5cmほどの釣鐘形の愛らしい花をつける。白い花冠の内側にある紫褐色の斑点が特徴で、日本ではこの斑点を老人の頬にあるそばかすに見立てて「ジイソブ」とも呼ぶ（「ソブ」はそばかすを意味する長野県木曽地方の方言）。数多くのツルニンジンの観察を重ねるうちに、そばかすにもバリエーションがあるこ

とがわかり、おもしろい。

　韓国では「トドク」と呼ばれ、コチュジャンをつけて焼いたり、キムチにしたりする。あの独特の匂いとコチュジャンが絶妙にマッチし、私も韓国に行くと必ず食べる一品である。サポニンやフェノール誘導体を含んでいるため、鎮咳・去痰薬や強壮薬としても用いられてきた。チョウセンニンジンの代用にすることもある。

皿の左側がツルニンジンのコチュジャン焼き。

136

キキョウ

Platycodon grandiflorus ｜ キキョウ科キキョウ属

　日本、朝鮮、中国、東シベリアに分布する多年草。日本では秋の季語であり、秋の七草の一つでもあるが、鑑賞花というイメージが強い。しかし韓国ではキキョウは野菜と同じ扱いである。ニンジンのような長く白い根茎は市場には必ずと言っていいほど置いてある。チョウセンニンジンやツルニンジンと似ているが、白くてゴボウのように長いのが特徴。漢方薬で有名な龍角散（りゅうかくさん）もキキョウの根茎のサポニンが主成分で、鎮咳、去痰、排膿作用があるという。

　韓国では「トラジ」と呼ばれ、古来から最も親しまれている薬草の一つ。京畿道（キョンギド）地方の有名な民謡に、女性たちが籠をもって春の野山にトラジをとりにいく歌「トラジ打令（タリョン）」があるほどだ。

　根をナムル（和え物）にするのが一般的で、爽やかな香りとシャキシャキとした食感が美味しい。栽培も非常に容易で、私も栽培しているが、根を食べるために抜いてしまうのは少し罪悪感があり、美しいキキョウの花を愛でている。

キキョウの根のナムル（左）とキキョウの花（右）。

チョウセンニンジン

Panax ginseng ｜ウコギ科トチバニンジン属

中国、朝鮮原産の半陰地性多年草。草本類のなかでも特徴的な葉で、卵形の5枚の小葉をもつ掌状複葉が茎の上部に3～4つ輪生する。茎頂から花茎を伸ばし、先端に散形花序をつけ、淡緑色の小さな花を咲かせる。

日本への渡来はかなり古く8世紀前半とされるが、栽培が本格的に始まったのは江戸時代・享保年間（18世紀前半）である。健康オタクの徳川家康もチョウセンニンジンの愛好家で、その後も幕府が栽培を奨励し各藩に種子が分譲されたために「オタネニンジン（御種人参）」の別名がある。また、「コウライニンジン」とも呼ばれる。

韓国料理には欠かせない薬草で、代表的な料理としては鶏肉に本種やもち米、ナツメなどを詰めて煮た参鶏湯（サムゲタン）がある。韓国では本種の形や加工の仕方によってさまざまなグレードがあり、韓国中西部の錦山（クムサン）では人の形をしたものが珍重される。最も高級とされるのは、蒸した後に乾燥させた「紅参（コウジン）」だそうだ。

めずらしい葉の形。　　　　チョウセンニンジンのドリンク。

タンジン

Salvia miltiorrhiza ｜ シソ科サルビア属

中国に分布する多年草。草丈は30cm～
1m、茎は断面が四角形で、黄味がかった
白い腺毛がある。葉は羽状複葉で毛が生え
ており、鋸歯がある。春には2cmほどの
濃い紫色の唇形花が総状花序につく。

根は生薬として「丹参（たんじん）」と
呼ばれ、シソ科の根では非常に珍しいルビ
ー色で、さらにチョウセンニンジンのよう
に太くなるため、「丹（赤）色の人参」と
いう意味でこの名がつけられた。中国最古
の薬物書『神農本草経』では「上品」に分
類され「赤参（せきじん）」や「血参（けつ
じん）」の別名も記載されている。漢方で
は血流改善や月経不順の改善、痛み止めな
どに利用される。韓国でも薬用目的で栽培
されており、薬草茶やサプリメントなどに
加工される。

セリ

Oenanthe javanica ｜ セリ科セリ属

朝鮮半島から東南アジア、オセアニアに
かけて広く分布する多年草。日本でも春の
七草の一つとして有名で、水田の畔道や湿
地などに生え、栽培もされている。

高さは20～40cm程度になり、茎、葉、
根、種子にピラジンやオイゲノールなどの
食欲をそそる特有の芳香成分がある。葉は
根の近くに集まってつく根生葉と、茎に互
生する葉に分けられ、ともに1～2回3出
羽状複葉で、セリ科の中でも特徴的。

韓国では「ミナリ」と呼ばれ、食欲を補
い、成人病の予防にも効果があるとされる
ほか、二日酔いにはミナリのジュースがよ
いと言われている。飲んでみると甘味のな
いグリーンスムージーという感じで、確か
にシャキッとする気がした。

キバナオウギ

Astragalus mongholicus ｜ マメ科ゲンゲ属

　日本、中国東北部、朝鮮に自生あるいは栽培されている多年草。草丈は80cm～1mほどで、7月～9月頃に総状花序で淡い黄色の愛らしい花をつける。

　根を「黄耆（おうぎ）」と称し、秋に刈り取った根を天日干しして生薬とする。抗炎症、強壮、血管拡張作用などがあるとされ、補中益気湯（ほちゅうえっきとう）、黄耆建中湯（おうぎけんちゅうとう）、桂枝加黄耆湯（けいしかおうぎとう）などの漢方薬に配合されている。

　韓国では「ファンギ」というメジャーな薬草で、市場ではゴボウのような根がワイルドにザルに入れて販売されている。チョウセンニンジン同様、参鶏湯などの薬膳スープに加える。キバナオウギが入ったスープは、カンゾウとまではいかないがほんのり甘く、独特の芳香がある。

キバナオウギの滋養強壮ドリンク（左）。キバナオウギの花（右）。

ヤブラン

Liriope muscari ｜ キジカクシ科ヤブラン属

日本、中国、台湾、朝鮮南部に分布する常緑多年草。韓国では街路樹の足元に植栽され鑑賞用としても親しまれている。

近縁のジャノヒゲ（*Ophiopogon japonicus*）と似ているが、葉の幅が明らかに広いことと、黒い実をつけることで区別できる。

根茎が太短いのに対して根は細長いが、ところどころ肥大する。この肥大部分を「土麦冬（どばくとう）」と呼び、生薬として風邪の初期症状に用いる。滋養強壮、鎮咳・去痰、利尿作用があるとされる。漢方薬の麦門冬湯（ばくもんどうとう）の原料として、日本ではジャノヒゲを使うことがあるが、韓国ではヤブランが用いられる。根の肥大した部分をシロップで煮込んだり、炊き込みご飯に加えてもショウガのような爽やかな香りがして美味しい。

ケンポナシ

Hovenia dulcis ｜ クロウメモドキ科ケンポナシ属

日本、朝鮮、中国の東アジア温帯地域に分布する落葉広葉樹。樹高15〜20mになる高木で、葉は縁の部分がやや内巻きに波打ち、鋸歯がある。初夏から夏にかけて淡い黄緑色の小花が集散花序になって咲く。

秋には5mm前後の果実が黒紫色に熟すが、果肉はほとんどない。代わりに太く多肉質になった果柄が食べられ、レーズンとナシを合わせたドライフルーツのような味わいと食感がある。

韓国ではケンポナシの茶「ホッケ茶」がポピュラーで、コンビニなどにも当たり前に置いてある。アルコールによる肝機能低

下の改善に効果があるため、二日酔いのビジネスパーソンがよく買っていくそうだ。また、樹皮も薬膳スープに用いる。参鶏湯にはチョウセンニンジン、ナツメと一緒に本種の樹皮が入っていることが多い。

ムクゲ

Hibiscus syriacus ｜ アオイ科フヨウ属

中国原産で土地を選ばず広く世界各地で植栽されている落葉低木。日本でも観賞用に公園や庭木として植栽されている。樹高は3〜4mほどで、樹皮は灰白色。葉は卵形で、縁に粗い鋸歯がある。夏から秋にかけて、枝先の葉のつけ根に白、ピンク色などさまざまな色の美しい花をつける。韓国の国花で、国章にもムクゲが意匠化されているほか、ホテルやレストランの格付けでも星の代わりにムクゲの花が使用されることがある。

花、樹皮、果実が薬用になる。特に白花のものがよいとされ、つぼみを乾燥したものは「木槿花（もくきんか）」という生薬として、胃炎・下痢・口の渇きを癒したり、胃の調子を整えるのに用いる。

ハイビスカスやフヨウの仲間で、花弁をすりつぶすと粘りがある。花をしゃぶしゃぶやスープにすると、この特有の粘りが出て非常に美味である。

花で格を表したホテルの看板。

マタタビ

Actinidia polygama ｜ マタタビ科マタタビ属

日本、朝鮮、中国などに分布する落葉つる性木本。よく枝分かれして、つるから長い葉柄が伸び、幅広の卵形で先が尖った葉がつく。別名「ナツウメ」ともいい、夏にウメの花にそっくりで甘い香りのする白い花が咲く。送粉昆虫を誘引するために枝先の葉を白くさせるので、夏場は遠目でもマタタビを見つけられる。ネコの好物とされ、本種のつるを与えると狂ったように喜ぶ。「疲れた旅人がマタタビの実を食べたところ、元気が出てまた旅（マタタビ）を続けられるようになった」という俗説がある。実際にはそうした効果はないとされているが、私の祖父は山でマタタビの種子を拾ってきては薬酒にして、滋養強壮効果があるのだと、幼い私にこの俗説を熱く語っていた。

虫えい（虫により植物の組織が異常発達してできるこぶ）のある果実には、神経の機能を高めて精神安定効果のあるマタタビ酸や利尿作用のあるポリガモールなどの成分が含まれ、韓国では薬膳茶、薬膳酒などにして用いる。

マタタビの花（左）と虫えいを漬けた薬酒（右）。

サンザシ

Crataegus cuneata │ バラ科サンザシ属

中国原産で、林縁や河畔の雑木林などに生息し、稀に栽培される落葉低木。樹高は約６m、幹は多数に枝分かれし、小枝にはトゲがある。葉は６〜12cmの倒卵形で、縁に粗い鋸歯がある。初夏に新葉とともに白い５弁花を咲かせる。果実は小さなリンゴのような球形の偽果で、秋に黄色から赤色に熟す。これを食用や薬用にする。

秋に果実を採集し、横向きに割って日干しする。疲労回復効果のあるクエン酸が豊富で、生薬としても健胃、整腸、消化促進などのために用いる。

サンザシの実を煎じ、甘味を加えて飲む

サンザシ茶は韓国語で「アガウィチャ」といい、伝統的に飲まれているが近年では若年層からも支持され、コンビニなどでも売られている。

サンザシの葉と果実。

コナラ

Quercus serrata ｜ ブナ科コナラ属

　日本、朝鮮、中国に分布する落葉高木。樹高は約15m、縦に不規則な裂け目がある灰白色の幹から細い枝が多く生え、10cm前後で鋸歯のある倒卵形の葉がつく。

　韓国ではコナラ、クヌギ、ナラガシワの果実（いわゆるドングリ）のデンプンを固め て豆腐のような加工保存食「トトリムク」を作る。「ムク」とはデンプンを固めたゼリー状の食品のことで、トトリムクは耕地が乏しく、木の実が豊富な朝鮮半島の山間部で生まれた食文化である。韓国のスーパーの惣菜コーナーではよく売られており、これをさらにナムル（和え物）やおやきなどにして食べる。甘味のない栗のような優しい味わいである。またこれらのドングリのパウダーもよく出回っており、チヂミなどにして食べる。日本ではアラカシのトトリムク「かしきり（樫豆腐）」が高知県の郷土食として親しまれている。

ハリグワ

Maclura tricuspidata ｜ クワ科ハリグワ属

　中国、朝鮮半島の原産の落葉小高木。葉はひし形もしくは倒卵形で、近縁のマグワ同様、表面のクチクラ層が厚く、光沢がある。裏面は色が薄く細かい毛が生えている。小枝が鋭いトゲ状になっていて、これがハリグワの名の由来である。

　葉の根元から短い花柄を出し、初夏から夏にかけて1cmほどの球状の頭状花序をつける。晩秋には直径約3cmの、濃いオレンジ色で多肉質の果実がなる。

　見た目はクワの実に似てあまり美味しそうには見えないが、味は近縁のカカツガユに似た、甘酸っぱい柑橘風の酸味がある。

韓国では食用や果実酒の原料とすることが多い。ソウル市最大の市場「京東市場（キョンドンシジャン）」で見つけたが、あまり一般的なものではなく、なかなかレアな一品だったのかもしれない。

ハリギリ

Kalopanax septemlobus ｜ ウコギ科ハリギリ属

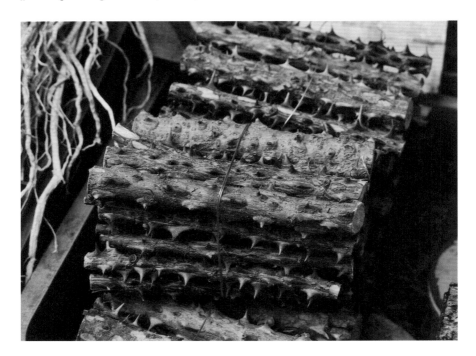

　日本、朝鮮、中国原産の落葉広葉樹。高さ10〜20mで、暗い褐色の幹に縦に不規則な深い裂け目があるのが特徴。若木の枝や樹幹には太く鋭いトゲが多数あり、老木になるにつれてなくなっていく。

　枝先にカエデのような葉が集まってつく。その葉が天狗の団扇のような形をしていることから「テングウチワ」とも呼ばれる。日本ではあまり一般的ではないが、タラノキやコシアブラのように新芽を山菜として食べることがある。

　韓国ではかなりメジャーな山菜で、春先の市場ではハリギリの新芽がずらりと並ぶ。

トゲのある樹皮も薬用としてスープやお茶などに入れる。神経を落ち着かせる効果があるといわれ、煎じたエキスはリウマチ、動脈硬化、神経痛、筋肉痛などの激しい痛みや神経と筋肉の痛みを和らげるとされている。

滋味深いハリギリのスープ。

ブクリョウ

Wolfiporia extensa ｜ サルノコシカケ科ウォルフィポリア属

　マツ属の根にはマツホドというサルノコシカケ科の菌類が寄生することがある。この菌核から外層を取り除いたものをブクリョウ（茯苓）と呼ぶ。菌核は10〜30cmほどで、フレッシュな状態は柔らかいが、乾燥すると硬くなる。

　古来から食用、薬用に利用されており、天然ものの収穫には、マツの切り株の腐り具合から見当をつけ、先の尖った鉄棒を突き刺して地中に埋まっているブクリョウを見つける「茯苓突き」と言う特殊な技能が必要とされた。

　中国では昔から栽培されていたが、1980年代に、おがくず培地に菌糸を発生させ、その種菌を榾木に植えつける栽培技術が確立され、市場に大量に出回るようになった。現在ではハウス栽培で大量生産されており、多くは漢方薬に使用される。

　韓国でも市場の薬草コーナーでよく見かけ、さまざまな生薬とともに薬膳スープにするか、煎じて飲むのが一般的である。ほとんど無味に近いが後味はほんのり甘い。生薬として利尿、健胃、リラックス作用があるとされ、漢方薬の五苓散（ごれいさん）に含まれている。また保湿や消炎、皮膚の新陳代謝を高める効果があるとされ、しばしば韓国コスメの基礎化粧品に使用されている。ブクリョウ入りの餅で餡を包んだ「茯苓餅」は北京名物で、かつては宮廷でも食されていたという。

ブクリョウのスープ。

カバノアナタケ

Inonotus obliquus ｜ タバコウロコタケ科サビアナタケ属

　シベリアレイシ（霊芝）とも呼ばれるキノコの一種。名前の由来は、シラカバなどに寄生し黒いコブ状になるためで、近年はこのコブを意味するロシア語の「チャガ（チャーガ）」と呼ばれることも多い。

　寒冷地域で育ち、主な産地はロシアである。日本では北海道で見られる。主にシラカバに寄生し、10〜15年かけて成長する。見た目はいわゆるキノコと言うより、幹の表面を覆う黒くゴツゴツしたかさぶたのような感じで、コブ状にもなる。大きいものでは直径約30cmになる。

　韓国の市場では樹皮から切り取ったままのカバノアナタケがワイルドに薬草コーナーに置いてある。また食用以外でも美容液やクリームにも用いられている。

焼け焦げた樹皮のような見た目は、とてもキノコとは思えない。

チョウセンゴミシ

Schisandra chinensis ｜ マツブサ科マツブサ属

　日本、朝鮮、中国、アムール地方、千島列島に分布するつる性の落葉低木。楕円形で先端の尖った、縁に波状鋸歯のある葉が短い枝にまとまって互生する。近縁のビナンカズラとよく似るが、ビナンカズラに比べると葉の艶がなく、秋に落葉する。

　果実は秋になると赤く熟し、ブドウの房のように垂れ下がる。果皮と果肉が特に甘酸っぱく、独特な清涼感を感じる。種子の中身は辛く苦い。果実をまるごと頬張ると、甘み、酸味、苦味、辛味、塩味の順に味がグラデーションのように変化していき、和名や生薬名がこの「五味」に由来していることを納得する。

　この果実を「五味子」という生薬とし、中国では古来から滋養強壮薬として重用されている。シザンドリンなどの成分を含み、漢方薬の小青竜湯（しょうせいりゅうとう）などに用いる。

　韓国では「オミジャ」と呼ばれるゴミシ茶が好まれており、非常に鮮やかなルージュ色のドリンクに蜂蜜を加えていただく。ゴミシ特有の清涼感が非常に心地よい。

植わっている状態のチョウセンゴミシ（左）と鮮やかな赤色がうつくしいオミジャ（右）。飲むと鼻喉がスーッとする。

チョウセンゴヨウ

Pinus koraiensis ｜ マツ科マツ属

北東アジア地域原産の常緑高木で、朝鮮、中国東北部、ロシア極東部と日本に自然分布する。樹高は30m以上、幹の直径は1.5mに達する。樹皮は灰褐色で、若木の頃は滑らかだが、成長するにつれて薄い鱗のように剝がれる。

葉は日本でよく見る2葉のアカマツやクロマツとは異なり5葉で、短かい枝に束になってつく。また、アカマツやクロマツの種子は小さく、風に乗って散布できるよう翼があるが、チョウセンゴヨウはリスなどの小動物に種子を運ばせるため翼はない。

球果に含まれる1〜1.5cmほどの種子はいわゆる「松の実」として食用になる。中国や韓国では、収穫用に低く仕立てられたチョウセンゴヨウが栽培されている。中国では古くから「仙人の食べ物」といわれるほど、小さな粒にピノレン酸などの豊富な栄養素が凝縮されている。韓国料理でも、松の実を細かく刻んでお刺身に載せたり、薬膳鍋、スイーツに入れたりする。

松の実。

ヤドリギ

Viscum coloratum ｜ ビャクダン科ヤドリギ属

　日本、朝鮮、中国に分布する半寄生性常緑樹。野生のものはエノキやミズナラなどの落葉高木に寄生し、街中の街路樹などでもよく見かける。果肉はものすごく粘性があり、鳥によって散布され、種子を含んだ糞が枝などにひっついて定着する。

　韓国の薬草市場では乾燥させたヤドリギの枝と葉がしばしば販売されている。一般的にお茶として利用され、ナツメやキバナオウギなどとブレンドして飲むことが多い。生薬としては、枝や葉を乾燥させたものを「桑寄生（そうきせい）」とし、血圧を下げたり、リウマチ、神経痛等に用いる。また韓国コスメにも欠かせない薬草の一つである。

ヤマブドウ

Vitis coignetiae ｜ ブドウ科ブドウ属

　冷涼地に生育するつる性落葉低木。日本の北海道から四国までと、韓国に分布する野生のブドウ。一般的なブドウに比べ果実は小さく、直径5〜10mmほどの実が房状につく姿はミニチュアブドウという感じである。

　非常に小さなブドウにもかかわらず味わいは非常に濃厚で、特に酸味が強く、後からほんのり甘さが現れ、香りも豊かである。

　韓国では果実をジュースにしたり、発酵させてワインを作っている農家もある。日本での利用法と基本的に同じである。また、ヤマブドウの樹皮を使用した籠は老若男女問わず非常に人気である。

Epilogue

おわりに

　この作品を通じて、私の好奇心の扉をまた新たに開くことができた。植物に人間の願望や利便性などのエッセンスが加わることで、植物をうまく利用して暮らす文化が発展し、「有用植物」という概念が誕生した。古来からの知識や知恵がブラッシュアップされながら現在もリアルに残っている東・東南アジアの植物文化は、私にとって魅力しかなかった。

　今回、取材したのは、さまざまなご縁や繋がりのおかげで行かせていただくことになった国々だ。制作期間は約一年間と短い時間ではあったが、現場主義の私として、自らドアノブをひねり新たな扉を開き、そこに産する文化や植物を全身で体験させてもらった。

　未知の植物との出会いに際して、的確なアドバイスをくださったり、貴重な資料や写真を提供してくださった、山東智紀さん、宮崎格さん、的野紀子さん、坂本直弥さん、池村国弘さん、林将之さん、東昭史さんには感謝してもしきれません。この場をお借りして、心よりお礼申し上げます。

　また各国をアテンドして下さった、フィリピンのOtomo Carlyさん、台湾の浦川恭子さん、Yoko Hoさん、山本真未さん、マレーシアの魏佩炫さん、ベトナムのNguyễn Thị Tâmさん、そしてネパールでは父・山下健夫に本当に感謝しています。私一人では、都心部から離れた奥地には行けず、現地の有用植物のリアルな活用の様子をリサ

ーチすることはできなかったと思います。また、タイの灼熱の暑さの中、私を密着撮影してくださった東堂美由紀さん、このような膨大な情報を丁寧に迅速にまとめてくださった編集者の小野紗也香さん、デザイナーの堀口努さんにも感謝の気持ちでいっぱいです。ありがとうございました。

　この作品を通じて、私は改めて植物のあらゆるジャンルの中でも、我々人間の暮らしを支えたり、暮らしに寄り添ったりする植物（有用植物）が大好きだなと実感した。この作品を制作するにあたっては時に生命の危機（拉致未遂や野犬遭遇など）を伴う、さまざまな苦悩や危険もあったが、それ以上に私自身の魂がキラキラと輝き、生きる喜びを感じていた。好きなことに存分に取り組み、それを仕事にできる喜びを日々実感できるのは、私を取り囲む環境や大切な人が支えてくれているからこそである。ありがとう。

　今回はまだまだ、私の有用植物調査の入り口だと思っている。けれども、一つの扉が開いたことで、見える景色がまた変わってきた気がする。リサーチする国や切り口はまた変わるかもしれないが、今後も自身の好奇心をくすぐられる場所に潜り込み、またこのような形でリアルな植物文化を皆様にお届けしたいと思っている。そのときはぜひ一緒に、次なる新たな扉を開いて欲しい。

《おもな参考文献・ウェブサイト》

『世界有用植物事典』堀田満ほか・編、平凡社、1989年

『薬草カラー大事典』伊澤一男・著、主婦の友社、1998年

『東南アジア市場図鑑 植物篇』吉田よし子、菊池裕子・著、弘文堂、2001年

『原色 牧野和漢薬草大図鑑 新訂版』岡田稔・新訂監修、北隆館、2002年

『ヒマラヤ植物大図鑑』吉田外司夫・写真解説、山と溪谷社、2005年

『日本の野生植物 改訂新版』1〜5、大橋広好ほか編、平凡社、2015〜17年

『植物成分と抽出法の化学』長島司・著、フレグランスジャーナル社、2018年

『生薬単 改訂第3版』伊藤美千穂、北山隆・監修、丸善雄松堂、2018年

『精油の安全性ガイド 第2版』ティスランド、ヤング・著、エルゼビア・ジャパン、2018年

『なんでもハーブ284』山下智道・著、文一総合出版、2020年

イー薬草・ドット・コム（http://www.e-yakusou.com/）

沖縄の山菜類データベース（沖縄県HP内、https://www.pref.okinawa.lg.jp/）

鹿児島県薬剤師会（https://kayaku.jp/）

熊本大学薬学部薬用植物園 植物データベース（https://www.pharm.kumamoto-u.ac.jp/yakusodb/）

山科植物資料館（https://yamashina-botanical.com/）

GKZ植物事典（https://gkzplant.sakura.ne.jp/）

KBの果物歳時記（http://kampong.life.coocan.jp/）

KEW Royal Botanic Gardens（https://www.kew.org/）

The Self Care Clinic（https://www.theselfcareclinic.co.uk/）

《写真協力》

本書を編集するにあたり、下記の方々に写真をお借りいたしました。心よりお礼申し上げます。（順不同、敬称略）

●山東智紀：p.33 ノコギリコリアンダーのラープ／p.34 パクチーラオのゲーンオム／p. 35 ベトナムコリアンダーのネームヌアン／p.36 レモングラスのガイバーンルアンタカイ／p.38 ジリンマメ／p.39 ミズオジギソウの炒め物／p.40 チャオムトードサイカイ／p.42 バンウコンの炒め物／p.43 プライのメイン写真／p.46 原種ゴーヤ／p.47 チャヤのメイン写真、チャヤの花／p.49 インドセンダンの葉／p.50 キワタ／p.54 マダンの実の料理／p.56 ライチの果肉と種子／p.57 ロンコンの果肉／p.104 シダレツユクサ／p.122 パパイアのメイン写真、タイのパパイア　●池村国弘：p.65 スペアミント／p.116 ハッカクの花／p.139 タンジン／p.140 キバナオウギの花／p.141 ヤブラン　●山下健夫：p.10 タマリロの果実の断面／p.25 ヒマラヤシャクナゲのメイン写真　●林将之：p.150 チョウセンゴヨウのメイン写真　●Kim Jin-Ho：p.131 コウライアザミのメイン写真　●Byounglk Jeoung：p.131 コウライアザミの葉　●ソウルナビ（https://www.seoulnavi.com/）：p.142 ムクゲの花の看板　●iNaturalist（https://www.inaturalist.org/）：p.17 クミンの花　●ironstuff / Getty Images：p.11 アリウム・ワリキィの花

索引　*Index*

山下智道　Tomomichi Yamashita

野草研究家、野草デザイナー、シャーマンハーブジャーナリスト。
1989年、北九州市生まれ。生薬・漢方愛好家の祖父の影響や登山家の父の影響により、幼少から植物に親しみ、卓越した植物の知識を身につける。現在では植物に関する広範囲で的確な知識と独創性あふれる実践力で高い評価と知名度を得ている。国内外で多数の観察会、ワークショップ、ハーブやスパイスを使用した様々なブランディングを手掛けている。TV出演・著書・雑誌掲載等多数。主な著書に『ヨモギハンドブック』(文一総合出版、2023年)、『野草がハーブやスパイスに変わるとき』(山と渓谷社、2023年)、『なんでもハーブ284』(文一総合出版、2020年)、『野草と暮らす365日』(山と渓谷社、2018年)などがある。
https://www.tomomichiyamashita.com/

旅で出会った世界のスパイス・ハーブ図鑑
東・東南アジア編

2024年7月20日　第1版第1刷　発行

著　　者　　山下智道
発 行 者　　矢部敬一
発 行 所　　株式会社 創元社　https://www.sogensha.co.jp/
本　　社　　〒541-0047 大阪市中央区淡路町4-3-6
　　　　　　TEL 06-6231-9010　FAX 06-6233-3111
東京支店　　〒101-0051 東京都千代田区神田神保町1-2田辺ビル
　　　　　　TEL 03-6811-0662

装丁組版　　堀口努（underson）
編集協力　　山東智紀
撮影協力　　東堂美由紀
印 刷 所　　TOPPANクロレ株式会社

©2024 YAMASHITA Tomomichi, Printed in Japan
ISBN978-4-422-43059-1　C0045　NDC471
〔検印廃止〕落丁・乱丁のときはお取り替えします。

JCOPY　〈出版者著作権管理機構 委託出版物〉

本書の無断複製は著作権法上での例外を除き禁じられています。
複製される場合は、そのつど事前に、出版者著作権管理機構
（電話 03-5244-5088、FAX 03-5244-5089、e-mail: info@jcopy.or.jp）
の許諾を得てください。